www.ingramcontent.com/pod-product-compliance
Lightning Source LLC
Chambersburg PA
CBHW022051050726
47591CB00002B/490
* 9 7 8 1 6 4 7 8 4 0 7 4 7 *

飛翔的白鷺鷥

文／艾農

美商EHGBooks微出版公司
www.EHGBooks.com

EHG Books 公司出版
Amazon.com 總經銷

2021 年 EHGBooks 第一版

Manufactured in United States

Contact: info@EHGBooks.com

ISBN-13：978-1-64784-074-7

目錄

自己才是做決定的那個人

緣起

隨因順緣來了人間，走過該走的路，歷經了該經歷過的人生，生命因勇於接受老天爺的所有考驗，所以過得多彩又多姿。

這輩子能出生在單純的家庭，雖然兄弟姊妹眾多，但農家的生活，從小訓練出艾比不奢華、不貪圖物質享樂的個性，群山環繞的環境，沒有大都會的熱鬧擁擠，只有鳥叫蟲鳴大自然的交響樂陪伴艾比成長。小學畢業就離家求學，讓艾比學會在大染缸的社會生態中出汙泥而不被染，也因從小愛看書的習慣，雕塑出不同於世俗的思想，能勇於突破傳統，追求自己的夢想。

因工作的關係，二十多歲開始，艾比就常往返美國、加拿大、澳洲、紐西蘭和歐洲各國，建立事業關係，熟悉不同的人文特色，更拓展了艾比的人生視野。由於豐富的經歷累積了自己足夠的財富，加上本身特有的氣質，在職場擁有不同國家的眾多追求者，但因脫俗的性格，不被外表或財富權勢引誘，所以能過著單純自在的生活。

艾比在豐富但不複雜的人際關係中，看盡人間百態，淬鍊出不卑不亢、不攀緣的人格特質，對功名不強求不眷戀，自然身心自在。

自序

路是人走出來的，只要願意去努力去嘗試，每個人都有機會為自己創造奇蹟！創造不一樣的世界！

看過太多女人一輩子為情牽，為情苦，被婚姻的枷鎖牢牢監錮一輩子，在電影的故事如此，在電視的連續劇也如此，在現實生活中更是比比皆是，其實要不要被困在婚姻中，女人有絕對的決定權力，關鍵就在自己願不願意為自己負一輩子的責任，為自己創造不一樣的一生。一個不負責任的配偶，就可以毀掉一個家庭，毀掉一段婚姻，是這樣嗎？

如果，我們夠堅強，經濟夠獨立，選擇健康的生活方式，還是可以讓自己掌控自己的幸福，讓自己擁有不被不負責任的配偶糟蹋自己和婚姻，關鍵在能否用積極創造取代抱怨和彼此批判。

從小生活在很傳統的農村家庭家中，有十一個兄弟姊妹，只有大哥、三哥和我完成大學教育，大我兩歲的五姊也是小學畢業就沒有繼續升學了，原因不是父母兄長反對，完全是自己的抉擇。同樣的家庭環境，我隨因順緣選擇了升學的路走，因為我在學校在書本裡，看到比做家務雜事更有意義的世界。

很多人都把生活中的諸多不順歸咎在別人，卻不願意回過頭審視自己走過的每一步，忘了走過的每一步都是自己跨出的動作、踩下的步伐，忘了自己才是做決定的那個人，忘了就算別人強迫自己去走一步，自己還是可以選擇走自己想走的路。

我們不能改變別人，但是我們隨時都可以改變自己，心念轉了世界就跟著轉了，因為一切的一切都是自己的抉擇。

在競爭的社會中，很多人努力打拼的目的，是把別人比下去，也就庸庸碌碌過一生，辛酸滿腹，勞困憂愁終日，忘了過自己的生活，忙著去過別人的生活，忘了努力的目的，是成就更美好的自己，做最好的自己，才能擁有自己，擁有真正的快樂，擁有真正的幸福。

希望看了這本小說，不管你幾歲，不管是男或女，都可以找到真正的快樂。

人生的序曲無處不在

《序幕》

二〇〇〇年底的布里斯本依舊熱浪襲人，我就像往常一樣，在兩個孩子的暑假期間，一定會在澳洲至少停留兩個月，全家人有較長的時間相聚在一起，在陽光普照的南半球，迎接聖誕節和新年的到來。

因為工作的關係，我必須長年海外奔波，即便家人已經定居澳洲，我也只能在忙碌的工作行程中，努力做出最妥善的時間安排，既可顧及事業，也不會錯過孩子的成長。由於自己創建多年的國際事業的因緣，協助澳洲政府在台灣推動企業家赴澳投資發展，已經有長達十多年的經驗。

二〇〇〇年那一年，為了確保人在布里斯本的我，可以趕得上澳洲在台灣的年度商業論壇盛事，昆士蘭政府特地為我舉辦了一場個人的澳洲公民宣誓儀式，完成宣示成為澳洲公民之後，隨即匆匆收拾行囊返台，再一次馬不停蹄的投入全台各地的澳洲商業論壇活動事宜。

在高雄的那一場盛會之中，數百位成功企業家和官方人士雲集現場，會議正式開始之前，澳洲在台辦事處處長親自宣布並邀請我上台，慎重的對著現場熱情的與會人士們介紹：「Miss Abbie 是來自台灣，長年來對澳洲經濟發展有卓越貢獻的傑出商業人士，澳洲政府為了感謝也表彰她的成就，因此特別為她頒發榮譽公民護照的殊榮。」

在震耳的掌聲之中，我微笑從容的從處長手中接過這份與眾不同，代表無限光榮的澳洲護照，心裡感動萬分。

在獲得澳洲榮譽公民的瞬間，腦海中浮現了埔里鄉下，我最摯愛的母親的笑容。

母親是一個家的中心

《從來不喊累的母親》

我的母親一直在工作著，身為家中十一個孩子裡排行第九的我，兒時記憶中，母親永遠像個充滿電力精心設計的機器人，永遠不會喊累，只要睜開眼睛，就是為家業打拼、為了我們這一家不停勞動的畫面。

母親在民國五年出生於南投埔里鄉下，即便當時有專供漢人就讀的公校，但生在當時物資缺乏、生活窮困的鄉下，不讓肚子餓著才是人生最大事，有沒有上學沒人會在乎。

身為家中長女的母親從來沒有進過學校，從小就需要協助家中所有的農務雜事，窮困的環境造就了母親堅韌的個性，也累積了日後的強大生存本事。

從沒機會進過學校讀書的母親在十幾歲的時候，就進入了當時非常著名的埔里製糖所，也就是後來的台糖株式會社。在母親成長的那個日治年代，日本政府大力推行「工業日本、農業台灣」政策，積極鼓勵植蔗製糖輸出，並有計劃的建立現代化新式製糖產業。在那個年代台灣蔗糖已經輸出到大陸、香港甚至歐洲等國家，正可謂台灣製糖的黃金時代。

由於埔里的好山好水好氣候所種出的甘蔗品質優於其他地方，所以埔里也就變成當時製糖甘蔗的重要產地，製糖廠對甘蔗產量的需求量極大，母親的工作即是擔任甘蔗農場的領班，她必需控制甘蔗從種植到採收送至糖廠的所有進度，確保製糖廠所需原料無虞。工作雖辛苦，但有一份固定的收入對窮人家庭卻是一份不可少的生活保障。

母親在埔里製糖所負責甘蔗農場的領班角色挑戰很大，因為會社付給工人的薪資不高、工作又辛苦，每天要管理上百名工人非常困難，在那個時代掙錢已經不容易，在產量旺季的收成交貨時期，常常需要要調度到一、兩百名工人的工作進度及工作量分配，這時最常會面對的就是工人不滿所得過低的集體抗議罷工行為。

當時身型瘦小年紀才二十歲左右的母親，藉由她平時對人的熱誠以及與生俱來的敏銳觀察力，讓她總能找出問題，再加上誠懇耐心的協調和同理心對待，更令她能夠在雇主與工人之間產生微妙的互動與互信的情感，所以她總能在緊要時刻從容的化解種種難題。

母親從來不害怕面對生命中的難關，在年輕歲月經過現實生活的磨練，也正是造就她日後樂觀堅強、熱誠待人、不畏辛勞的積極人生。

我常常想到，母親是一位沒有讀過書的鄉下女人，若不是憑藉著一股早期台灣女性特有的認命與韌性，如何能在那個以男性為主的父系社會中，在剛性勞動的粗重環境裡，為自己爭得了一席之地。母親刻苦堅毅勤奮儉樸的特質，之後也在她精彩漫長的一生中嶄露無遺。我永遠記得在自己年輕創業時，母親曾經告誡過我一句話：「如果有一天妳要管理一大群人，記得一定要先管好最麻煩的那一位，而且帶人要帶心。」這句話也在我事業生涯中，深切謹記於心。

母親在少女時期所經歷的農場工作中，由於她認真上進的表現，也獲得許多長輩的喜愛，介紹湊對的人也很多，就在她二十三歲時經由長輩介紹，嫁給了與她同齡家中務農但長相帥氣斯文的父親，才無奈地辭去了甘蔗農場領班的工作。

在那個時代的女人一旦進入家庭，似乎就註定了要接受已經準備好在她的面前，普遍台灣婦女傳統生活的重擔。毫無意外，母親從此一生為家庭付出，執起了她堅毅刻苦女性符碼的宿命。

父親是遮風避雨的屋頂

《父親的外號是土地公》

父親也是出生於埔里鄉下的務農客家子弟，我的祖父在父親七歲那年就不在了，曾祖母和祖母二人辛苦帶大三個孩子。母親在嫁給父親後第二年就生下了我的大哥，在那個物資匱乏的農業社會，人力需求相對重要的年代裡，農村家庭都認為多子多孫就是多福氣，也沒有人知道節育是怎麼一回事，所以每個媽媽都是順其自然的生育。

母親在生下大哥之後，幾乎每隔兩年、三年就陸續誕生了其他的兄弟姊妹，一直到我已經排行第九，我的後面還有一個弟弟和最小的妹妹。我發現很有趣的是，母親生孩子的順序總是按著一男二女一男二女的循環，所以我們家兄弟姊妹的排列是：大哥、大姊、二姊、二哥、三姊、四姊……。

婚後的父母和曾祖母、祖母及大伯一家同住在一個三合院裡，母親隨著父親兩兄弟外出農地耕作，大伯母和祖母則負責家務炊煮雜事。

隨著孩子的陸續出生，吃飯的人口越來越多，於是不久之後，大伯就主動提議和父親分家了。

父親生長在一個務農的原生家庭，分家後大伯拿了土地另蓋新宅院，父親則是繼承了從小生長的三合院土磚造老宅，和一塊全家人賴以維生的耕地。

記憶裡父親是個性情溫和的農人，大半輩子的人生都在田裡度過，對於土地有著極其深厚的情感，但是父親身上卻散發著一種與世無爭的斯文人氣質。在這個孕育著十一個孩子的家庭裡，母親掌舵著全家人裡裡外外、大大小小的繁瑣生活重擔，父親則是專心以水稻農耕為業。

由於家裡有眾多的孩子要養，除了種稻主業，母親會在所有農忙的空檔，像個魔術師似的，變化出各式各樣不同形式的作物來增加收入。

印象中父親和母親都熱心幫助同村的人，村里人有事也都會來我家找他們幫忙，尤其媽媽雖然農務雜事多孩子也多，但隨著孩子一個個長大，家裡人手也多了，媽媽拿出婚前習慣帶上百個工人分工合作的管理專長，把家務農事分工的條條有理，家業也在媽媽的打理下日漸茁壯。慢慢的，爸爸就變成村裡出錢出力熱心助人的土地公，媽媽也就順理成章的成了慈悲心腸的土地婆。

在我成長的印象中，家裡常常都會有村裡人來找爸媽商量事情，家家戶戶婚喪事情，爸媽都會去幫忙，尤其媽媽一定是免費掌廚的那位大廚。

母親在村子裡義務免費包辦所有大型聚餐至少有三十幾年之久，她的菜色多樣，點心更是誘人，只要吃過她的料理的人，一定會讚不絕口。

我印象最深刻的是媽媽做的各種丸子、糕餅、還有各式各樣的粽子。當時埔里鎮上有家飯店老闆就主動邀約母親，願意出資請母親到鎮上開餐廳。最後這個吸引人的提議被保守的爸爸否決了。

童年是裝滿母愛的相簿

《溫馨的童年記憶》

在我兒時記憶中，因為有太多的勞務工作，父母幾乎沒有多餘的精力關注在子女的成長教育，對於這麼一大群孩子，只要每個都能正常吃飯睡覺，不要有病痛麻煩，也就算圓滿了。

母親一共生了十一個孩子，但我的四姊在幼年時期被祖母分養到一戶沒有子女的豬販家裡。據說是有一天父母外出工作的時候，祖母獨自在家看顧一群年幼的孩子，埔里鎮上一對豬販剛好到我們家看豬，見到三合院屋內有一群正嬉戲的孩子們，女人與祖母閒聊間自艾自怨著自己沒有孩子的悲哀，祖母竟然大發慈悲心，讓這對夫妻在女孩群中自己挑一個！

豬販夫婦一聽，喜出望外的就把長像清秀、臉上乾乾淨淨才四歲的四姊抱回家了。也許是命運的安排，幸而四姊的養母因膝下無子女也格外疼愛四姊，而且豬販夫婦素與爸媽熟識，所以我的父母最終也接受了這件事實。

家裡面的兄弟姊妹只要年長些，每個人都會恰如其所的分配到自己的勞動職責，但只有大哥例外，因大哥從小不愛農事卻偏愛讀書。

年紀較大的兄姊們分擔父親的稻作農事，以及協助母親眾多的雜項副業，包括種稻、種菜、種甘蔗、養豬、養雞鴨鵝和養草魚，另外還有三合院後山坡上的一片茶園。在農忙之餘，母親還要採茶烘焙自製茶葉、自製各式醃醬菜類，然後肩挑作物步行兩小時路程到埔里鎮上市集販售。

小時候母親常常帶著我，後面背著最小的妹妹，肩膀上挑著左右兩擔子平日種植的蔬菜和製作的醃漬物，我們延著崎曲山路花上兩小時以上的腳程，靠著兩條腿，一路步行到外婆家探望外婆和舅舅們。

彎彎延延的路途中母親總是在趕路，心裡盤算著忙不完的家業，但也不忘頻頻回首，確認屁股後面這個小丫頭到底有沒有跟丟。

印象中，出了我們後村要經過一個叫做「神仙洞」的山洞，小小年紀的我總是膽怯地緊跟在媽媽後面，深怕一不小心就被吞噬在那看不到盡頭，烏黑的山洞中。我想在我成長過程中一直都很怕黑，可能源於此不安的記憶吧！

在回外婆家的來回途中，我總是安靜地瞅著母親負荷滿載的背影，我覺得媽媽就像個超人，身負重擔卻健步如飛，我連空手走路要跟上都很費勁。

回程的時候母親依舊背著妹妹在身上，只是挑去外婆家的醃漬品換成了外婆田裡種的農作物，又是沉甸甸的一擔挑回家，母親總是能盡了孝心又不忘帶回不同類的作物，餵養自己的孩子。

雖然到外婆家要花很多的時間和力氣，要走很長很長的山路，但母親每隔一段時間就一定會把自己種的菜，或是自己做的加工農作物帶回去給外婆。我也喜歡去外婆家，小小年紀的我，已經能感受到母親和外婆之間，那種超越言語的親情溫度。

因為孩子很多，父母並沒有多餘的時間，細心關照每一個孩子，長姊們就是最好的褓姆和幫手，母親總能把繁瑣的家務事讓長姊們分工合作完成，然而母親的堅韌性格也完全表現在她對子女的愛與奉獻中。

聽母親說過，在我三歲時，有一次不知道生了什麼怪病，昏睡了好幾天都不見好轉，最後母親揹著奄奄一息的我，走了一個多小時的路到鎮上的小診所，然而小鎮醫生竟然判斷病情嚴重無法救治而拒絕收留，甚至告訴母親只能把孩子帶回家等待了。

束手無策的母親最後想到做廟公的大舅舅，雖然天色已經很黑，仍然揹起了我趕去大舅家求救。

在舅舅的協助下，大人們在廟裡求神拜拜，拿到了草藥處方，熬煮後母親餵我服下。雖然我的小命好像保住了，但時已三更半夜，母親無法揹著我摸黑趕山路回家，於是只得留在大舅家借宿一晚，然而舅媽卻擔心這個染怪病的女孩，不知道會不會傳染到她自己的孩子，因此拒絕母親與我留宿在屋內。

長大後聽母親提及此事回憶到，當晚她抱著我瑟縮捲曲睡在漆黑的屋外的乾稻草堆下，天亮後才又揹著我走著崎嶇的山路回家。每當想起這件事，我總是對媽媽有很深很深的歉意和感恩，是媽媽的母愛才保住了我的小命，對於母親的堅忍毅力也佩服至極。

在我幼小的年紀裡，母親是家裡最亮的那盞燈，雖然家中人口眾多，但只有母親在家的時候，我才感覺到整個房子都亮了起來，無比的安心和歡樂。母親不在家的時候，整個家點再多的燈還是讓人黯然神傷，我們總是悶悶不樂，一直到母親回到家裡，整個家才又恢復生氣。

學習是成長的起點

《上學第一天就逃學》

家裡較大的孩子們上學以外的時間，都會分配到幫忙田裡農作的工作，在我學齡前就開始負責打掃三合院，上小學那年增加了每天早上燒香供佛的任務。

天亮起床掃完三合院十一個房間，漱洗完畢就恭敬燃香拜拜。每日固定長長的七炷香，從面向正廳大門口的天公伯開始恭敬禮拜，接著是端坐神桌正中央的觀世音菩薩，然後依序右手媽祖娘娘、左手自家祖先，一路拜到廚房灶神爺才算大功告成。

當時小小年紀的我，只知道按照父母指示燃香拜拜，既不懂得求神保佑，也不會向佛菩薩許願，但是我彷彿相信冥冥之中，對於當時那個每天虔誠燃香拜拜的小女孩，菩薩一直都在慈悲的眷顧著。

在我上小學的第一天，一大早起床掃完了地、燒好了香，自己一人默默的在廚房吃完了早餐，準備好了要上學，驀然地發現，家裡好像沒有人可以帶我去上學！父母天未亮就下田了，上同所小學的三哥和五姊也都不見蹤影，當時七歲的我根本沒有去過學校，完全不知所措，只能傻傻地在家閒晃。

也不知道到底過了多久，終於巡完了水稻的父親從田裡返家，發現我竟然沒上學還待在家裡，就抓起細竹仔，不分青紅皂白拎起我就往屁股揮打，口中還叨念著為什麼第一天就逃學？

這是記憶中我唯一被父親修理過的一次，淚水在害怕又委屈的眼睛裡打轉，還來不及解釋，父親已經用他大大的手抓著我，氣極敗壞的往學校趕去。

多年之後，我不知道父親到底有沒有發現我的「逃學」緣由，但是我從來沒有忘記，入學後人生的第一張考卷只考了二十九分，然而小學一年級的下學期開始，我就一直保持全班第一名的成績，因為對我而言，上學讀書變成了比做家務農事更快樂的事。

從此，書本打開了我全新的世界，每次下課休息時間我總拿著國語日報或課外書，躲在教室附近的樹下看，直到上課鈴聲響了才回到教室。

父親對子女在學業上的表現並沒有太大的反應，他的一生把重心放在田地，收成好就可以養活一大家，以至於他和子女間的溝通就如同多數父親一樣，在距離中維持著一種東方男人特有的靦覥的威嚴。

記得有一次，學校放假那天我把全班第一名的獎狀拿給他看，父親坐在大廳藤椅上看了看，只是微微笑了笑並沒有說什麼，然後他拿起茶几上的杯子喝了一口茶，站起來順手捲起我的獎狀，這時才開口說：「等一下跟我一起去大伯家喝喜酒！」父親轉身時，我彷彿看到他嘴角泛起的笑意，而帶著我去喝喜酒，應該是他當時給我最好的獎勵。

在我的童年環境中，由於家裡孩子衆多，父母親把全部的力氣都放在勞動養家，相對之下，無形中造就了對孩子們教育的自由開放態度。

父母親沒有因為當時生活窘困，讓孩子們只要年紀稍長就放棄學業，協助賺錢養家，反而是花上畢身精力，提供孩子們無憂的自我發展空間。

我後來變成了一個喜歡讀書的孩子，在成長過程的學習之路上，我的大哥正是影響我至深的一個人。

大哥是家族的好榜樣

《很會讀書的大哥》

大哥是家裡的長子，一般在早期農村鄉下的男孩，總會是分擔家裡農作的最大部分勞務工作，但是我的大哥因為資質聰穎，從小就愛讀書不擅農事，加上天生溫文儒雅特質，即便出生農家，父母親也並沒放棄對孩子的教育。

在那個物資貧乏子女眾多的年代裡，我的父母已經知道順其自然、各有所長的教養方式，喜歡讀書的孩子就提供最大能力支援，不想讀書的孩子也會分配到恰如其份的工作，總之，每個人都可以在這個家庭裡，找到適合自己的位置。

家裡有一個愛讀書、會讀書的孩子，在村子裡也是出了名的事情，有很多年的時間，母親為了負擔大哥的學費，從早到晚忙不停。白天和父親在田裡忙著農作，在屋後山坡上開墾種植茶樹做茶葉，在三合院附近挖了兩個水塘養魚賣錢，還要飼豬、養雞、餵鴨、種菜、種甘蔗……。

日出而作、日入未息，一直都是記憶中母親的寫照，在一日將盡月亮高掛的時候，正是老天爺為了不讓母親摸黑在屋旁澆水種菜而打開的一盞明燈。

母親在月光下澆菜時，我喜歡跟在旁邊，看著月光灑在滿園的各式各樣的蔬菜上，感恩這些菜溫飽了我們一大家，也提供了我們兄弟姊妹讀書更多的經濟來源，難怪我每次看到月亮高掛天空，心中就感覺莫名的祥和，直到現在有時半夜醒來看到月光從窗戶照進臥室，我常常會撥開窗簾，抬頭找尋月亮，然後對著明月祈求把月光灑在遠方的家人、友人，包括全地球上所有的人身上，讓所有人一夜好眠！

大哥從小就因為上學的原因而離開家裡，寄宿在外婆家，就讀史港小學直到考上埔里中學，才自己在埔里鎮上租屋住在學校附近，一路認真求學，後來考進了東吳大學，大哥是我們村裡的第一個大學生。

因為是私立大學，沈重的學費負擔讓母親更辛苦了，而母親仍舊是一如往常的兵來將擋、水來土掩。那時家裡常常沒有足夠的存款可以繳交大哥的學費，母親就常常一大早就到鎮上去沿街叫賣自己種的菜還有自己做的筍乾、蘿蔔乾和一些醃漬品。

當時在鎮上有一家藥局和一家布店的老闆，因為知道母親為了籌湊大哥的學費，日夜奔波，但是靠農產品湊學費談何容易，於是主動開口借錢給她幫大哥先繳了學費，等到田裡收成換了現金再慢慢歸還。

大哥的大學生涯就在母親借錢繳學費，再努力工作還錢中好不容易完成了。大哥當然沒有辜負母親的苦心，以優秀的成績畢業，最後再以優秀的成績，考進待遇較優的中國石油公司。

母親從來沒有因為家中經濟拮据，而放棄孩子的教育前途。大哥完成大學學業，剛開始是進入高中擔任教師職務，之後順利考進中國石油公司並分發到高雄煉油廠工作。

大哥因為工作緣故落腳高雄，這也促成了日後我與弟弟妹妹在學業、事業上和高雄結下了很深的緣份。大哥在幾年後完成了婚姻大事建立了自己的家庭，也申請住進煉油廠職員宿舍，自此之後大哥在中國石油公司的工作就沒有停過，一直到他退休為止。

知識是飛往夢想的翅膀

《知識的啟蒙之旅》

在家中排行第九的我，因為家裡農務雜事特別多，父母和哥哥姊姊們各自忙碌，所以自己一直到進入小學前，只要不生病，在家裡並沒有人會特別關照誰。

記憶中我總是和弟弟、妹妹三人在家裡的三合院中庭幫姊姊們做簡單的家務雜事，偶而空閒時也會一起玩捉迷藏、踢格。一直到長大些上學了，生活好像頓時變得有了重心，上學讀書也慢慢開啟了我不同的視野，雖然當時小小年紀，但是我卻在學習過程中找到了無比的樂趣。

在大哥的關心下，除了一年級上學期，我在小學一直都保持第一名的成績，那時在我們村的國小學生人數一班大約有四十多人，一個年級就一個班。

從山下的家裡出發沿著屋前溪流，途經一座總是飄散濃濃香火味的廣福宮，跨過一段獨木橋，再走幾分鐘上坡路，就到了我啓蒙生涯的小學。

上學對我來說是新鮮而好奇的體驗，家中一直是由年紀較大的姊姊幫忙照顧年幼的弟妹的慣例，輪到我和弟弟妹妹的時候，負責家務的是三姊。

四年級的時候，因為台灣當時義務教育只到小學畢業，我們當時上中學要考試，學校來了二位非常負責任的年輕新老師，所以義務的為學校開辦輔導課程，輔導四、五、六年級的學生。

我每天放學回家做完被分配到的家務後，因父母在外工作未歸，負責三餐的三姊會讓我先吃完晚餐，再去學校上輔導課。

三姊每次都會遞給我一大把她炒的花生，我總是捨不得吃那香噴噴的花生，於是小心翼翼的把花生包起來，塞進口袋裡，在去學校的路上再一粒一粒，放進口中，細細品嚐，慢慢享受。

我並不像一般同齡的孩子們，下課時間迫不急待的衝出教室，湊在一起遊戲玩耍，我總是捧著所有在當時可以從學校借到的課外讀物，或是大哥放假時帶回來的書籍，自己一個人坐在大樹下看我的書，優遊在書海裡，那段日子看書就是我最大的一種享受。

因為在學校成績表現優異，因此也獲得大哥特別關注，他總是會在假期回家時檢查我的作業簿和考卷，並且幫我帶回一些漂亮的鉛筆、橡皮擦，做為我的獎勵。

就像母親為了大哥的學習，無怨無悔的點滴付出，大哥對我的學習，彷彿是以自己的學習經驗做為審核的標準，私毫也沒鬆懈。因為大哥很清楚，要改變鄉下人的命運就得拼命讀書才有機會出人頭地。

青春是沒有邊境的舞台

《遇見好老師》

小學四年級時，我們的學校來的那兩位剛剛從師範學校畢業的年輕男老師，其中一位分配到我的班上成為我們的班導師。在我六年小學生涯的記憶裡，這位像個大哥哥般存在的班導師，也在我早期求學生涯裡佔了非常重要的位置。

就像武俠小說裡的慧眼識英雄，這位師範剛畢業，從城裡來到鄉下的新鮮老師，他很快就從班上近五十位孩子裡，發現了很喜歡看書的我，彷彿迫不及待般要把他初為人師的滿腔熱血和滿腹經文，一股腦兒的往我身上傾囊相授。

就像對我功課督導嚴格的大哥一樣，老師也是費盡心思為我特別輔導功課，準備了很多課外讀物要我廣泛的閱讀，也找來了很多參考書給我，以確保我和城裡的學生零差距。

晚上補習的日子裡，他讓我的作文能力和數學程度大大提升。課堂上表現出色時，老師會開心忘情的從後面一把抱起我轉圈圈。

晚自習後老師知道怕黑的我，總是會陪著我走過黑黑的山路送我到山腳下的三合院前，尤其是碰到下雨的日子，老師總會揹著我踩過泥濘，穿過獨木橋，送我回到山腳下的家。

除了課業上，老師也教我能在學校校慶時表演的舞蹈和竹笛，當時的我就像無憂無慮的白鷺鷥，自在的在群山環繞的山裡，吹奏著我喜歡的笛樂，自由的飛翔遨遊。

在那個鄉下孩子仍然打著赤腳上學的年代，老師自陶腰包買了一雙黑色皮鞋讓我上學穿。冬天時見我穿著姊姊們淘汰下來的單薄外套，於是他特地從城裡買了一件厚厚的淡棕色毛絨絨的長大衣送給我。厚厚的大衣，讓身材瘦弱的我，坐在教室裡彷彿包裹著一件大棉被。

當時老師的特別照顧和呵護，並沒有讓我感到和大家有什麼不同，但也打從心裡感激著。因為有老師的努力栽培和大哥的關心，小學六年級時，我才能毫無疑問的以全校第一名的優異成績保送埔里初中。

因為我家離埔里中學路程需要一個多小時，當時也沒有公車，所以小學畢業後，我沒有直接去到離家較近的埔里初中就讀，因為當時大哥已經在高雄就業，加上老師的鼓勵，於是他們安排了我遠赴高雄參加高雄初中聯考。

按照家裡的狀況，父母只諳農事所以不能帶我到高雄考試，於是老師主動跟父母提議要陪我去高雄參加初中聯考。這位從進學校起就一直照顧指導我有三年的老師，他早已經做足了幫助我參加初中聯考的準備功課。

在前進高雄前，老師細心研究了參加聯考的程序和要測驗的項目，除了在文科上的密集加強，甚至也提前訓練了我必考的體能訓練項目。

回想起來，瘦小體弱的我卻能擅長仰臥起坐這個技能，也是當年在老師堅持特訓下的成果。

因為大哥和老師的用心良苦，小學畢業的我離開成長的埔里故鄉，遠赴高雄參加十二中聯考，雖然以些微之差與市立第一女中擦肩而過，但也順利的進入了高雄市立三中，於是展開了小學畢業後的離鄉背井求學之路。

進入三中於是來到高雄，此時的大哥已經在中國石油公司上班。剛開始的半年，大哥怕我人生地不熟，所以就陪同我租屋住在學校附近。大哥不捨我長得清瘦，所以每天早上親自煮熱水泡牛奶還打一顆生雞蛋在牛奶裡為我補充營養，怕腥味的我，總是捏著鼻子閉上眼睛囫圇吞下；下課後回家的晚餐，大哥也一定會盯著我吃完一大碗，才能離開飯桌。

在大哥用心的照顧下，我慢慢適應了離家的孤獨歲月。半年後大哥就再搬回中油公司附近住，我也開始過著獨立的求學生涯。

一直照顧我的小學老師在我小學畢業的那一年，他也離開埔里的學校到了左營海軍營區服兵役。老師在放假的時候常常會從左營騎著腳踏車到前鎮我住的地方來看我，每次來也都不忘幫我帶些學校用的參考書或各類課外讀物，老師也會騎著腳踏車載我到處兜兜風。

對老師最後一次的記憶是他穿著淡粉紅色襯衫、牛仔褲，鼻樑上掛著流行的墨鏡，帥氣的跨騎在腳踏車上，嘴裡吹著輕鬆的口哨。看到這一身帥氣的老師，我的感覺已經不再是那位小學時揹著我涉水過溪，跨越獨木橋的那位老師大哥哥了。因為這種怪怪的感覺，接近高中聯考的最後半年，我藉由功課繁重的理由，慢慢的和這位曾經呵護了我五年多的大哥哥老師距離越來越遠了。

再次見到這位小學老師已經是三年多以後，我從高雄女中畢業上大學的第一年，有一天老師帶著一位端莊的女老師到校園來找我，然後分享了他們就要步入禮堂的喜訊。我當然很高興老師找到了可以和他共渡一生的人，我終於可以放下心中的愧疚了。

後來的我再也沒有見過這位老師了，在青澀歲月的日子裡，這位老師終究成為封塵記憶最底層，也最不需要答案的謎題。

自在遨翔的白鷺鷥

《白鷺鷥的青春》

「白鷺下秋水，孤飛如墜霜；心閒且未去，獨立沙洲旁。」

秋天的時候有一隻白鷺鷥，遠遠的從空中飛降水面；飛降的姿態宛如一片雪白霜雪，從雲間緩緩的飄落下來。悠閒的白鷺鷥，牠獨自安靜的站立在沙洲旁，似乎不急著要飛離的樣子。

一千三百年前，唐朝詩人李白眼中的白鷺鷥，僅僅二十個字的輕描淡寫，對鳥兒本身沒有太多著墨，卻讓這潔白絕美的身影，彷彿從小就烙印在我的心中，從未離去。

我們村莊是，位在群山環繞的深山中的一塊盆地，有三條小溪貫穿全村，小溪匯集在村口形成了美麗的玉門關。其中一條小溪就流經老家門前，溪流所在就是白鷺鷥的家，清晨或傍晚時分常常可以看到成群的白鷺鷥，牠們有時從這棵樹飛到另一棵樹，有時從這山飛到對面山，有時從溪頭飛到溪尾，有時停下來在溪邊覓食。

白鷺鷥全身羽色雪白而修長，外型高貴優雅，振翅飛翔的時候飄逸靈動充滿著仙氣。我喜歡望著在天上飛的白鷺鷥，好羨慕美麗的白鷺鷥總是可以那麼自在的飛啊飛的，也會好奇地看著在溪邊覓食的白鷺鷥。

也許是因為常常一個人兀自陶醉在佈滿白鷺鷥的溪前發呆，也就是在那個時期，一直關注著我的小學老師因此給了我「白鷺鷥」的外號，同學們也喜歡叫我「白鷺鷥」，白鷺鷥也成了我童年時期最美好的回憶。

小學時期的我，當同伴們忙著追逐嬉鬧的時候，我總是帶著一本書，坐在溪流邊埋首在三國演義中劉、關、張的忠孝節義或西遊記裡的神魔善惡大戰或其他歷史故事書。

初中時期，我喜歡看水滸傳裡被逼落草的條條梁山好漢……這些，在書本汪洋文字中的精彩世界，深深的吸引著我。高中時期最喜歡的一部小說是紅樓夢。

記得就讀高雄女中的一個暑假，有機會閱讀到曹雪芹的紅樓夢，對於這個由女媧補天所遺漏的一顆石頭，經千年煅煉靈性而投入人間的賈寶玉，和一株絳珠草，因受甘露灌溉，為了報恩也跟著落入凡塵，以一生的淚水來償還的林黛玉。全書描述二人絕美浪漫卻又傷感虛無的愛情故事，讓我留下「自古多情空餘恨的深刻印象，然而作者筆下栩栩如生的富貴人家，從不可一世的榮華走向衰敗潰散的下場，也道盡了人世間的無常與孤獨。

幼年時我就常常坐在門前小溪旁發呆，小小的腦袋裡裝了很多沒有答案的疑問，我常自問所讀過的書裡面的人物都是真的嗎？他們也像此刻的我一樣嗎？現在又到哪裡去了？而我又是誰呢？為什麼我會出現在這個世界上呢？如果我不存在了，這個世界是不是就不存在了呢？很多很多的疑問不停的在心中盤恆，彷彿有一個肉身的我，對著非肉身的我，不停的在提問著。

小時候滿腦子的疑問一直沒有得到答案，國小畢業後離開了老家，離開了我的小溪旁到高雄唸書，接下來是三年心無旁騖的初中時期，再加上三年幾乎每天考試的高中生涯，然而在只有課本和考試的單純青春歲月中，追求生命真相的渴望一直沒停止過。我那追求生命真相的心，也就從文學走入哲學，再從哲學走入宗教，最後從宗教走回宇宙人間。

每天為了考試而讀書的高中生涯，因為從沒停止探討生命真相的渴望。大學聯考填寫志願時，沒有多加考慮的勾選了哲學系，因為當時的我認為只有在哲學的世界裡可以找到生命的答案。

然而這條路終究沒能順利開啓，一直以來影響自己學業至深的大哥認為，一旦唸了哲學系，未來只能準備當乞丐！在現實的考量下，我聽從大哥的建議，選了當時熱門的外文系，也因此進了大學外文系就讀。

雖然沒能如願選擇心目中的哲學系，然而大學四年自由開放的學術空間，卻也提供了我能夠更大範圍的涉獵吸取中西文學、哲學知識的領域。

大學的圖書館婉如一座令人驚訝的神秘寶庫，數不清多少個眷戀的白天和夜晚，隨節令運轉的春夏四季，在那純粹寧靜的年代，我贊歎於英國大文豪莎士比亞透徹又深入剖析人性的人間傑作也常讓我懷疑人性到底是本善或本惡。

我也深深沉迷在浪漫詩人拜倫筆下的《唐璜》。對於哲學家尼采句句精闢雋永的名言語錄，更是我反覆拜讀細細品味的精神糧食。

被尊稱為西方孔子的古希臘哲學家蘇格拉底，在他生長的那個極端不公平的年代裡，透過理性對人的生命價值做了透徹的了解，進而為後代世人引導出一種全新的生活態度。

整整大學四年，我像村子裡在天上飛翔的白鷺鷥，自由自在地遨遊在哲學和文學浩瀚的世界中。那一段自由自在的青春歲月裡，常常做著一個同樣的夢，夢境裡自己坐在一片翠綠斜坡大草原的至高處，面對著綠油油的大草原，一個人盡情的吹奏著笛樂。

而當時夢境中不斷出現的美麗無邊的大草原，似乎已為日後移民他鄉的人生留下了淡淡伏筆。

在現實中茁壯的夢想

《七月半的鴨子》

四年的外文系大學剛畢業，就在同學的推薦下順利進入了一家位在台中市區的小翻譯社。雖然在大學四年期間也有過不少的打工經驗，做過家教也當過雜誌社實習記者，暑假期間曾幫忙二哥在夜市擺攤，也曾經很幸運的申請到薪水夠繳我大學一整年學費的省政府工讀生機會，大學畢業進入翻譯社則是第一份正式的全職工作。

那是一家在台中市區的小型翻譯社，有三位與我年齡相仿的女孩，負責各類文件的翻譯工作，另外還有兩位中年男士，一位是主任，另一位是老闆。

翻譯對我來說並不是吃力的事情，既便是堆積如山的龐大工作量，記憶中最困擾的是兩位主管，煙霧迷漫旁若無人的吞雲吐霧習性，加上肆無忌彈的高談闊論，在完全沒有隔音的方寸空間裡，令我感到無比的吵雜和不舒適。

我也很驚訝，兩位主管居然不知道，翻譯是一種需要安靜不能被干擾才能做得好的專業工作，而且他們享受吞雲吐霧抽菸的同時，有三個正在幫他們努力賺錢的員工卻要被迫吸著二手菸。

由於從小過敏的體質，在翻譯社才上班兩個多月，就受不了二手菸的污染，上班咳嗽變成工作中的常態，終於在一個週末返回埔里家時，在應該回到台中上班的週一早晨，咳嗽的特別嚴重，自己看到已經咳出血絲了，才警覺應該去看看醫生了。於是跟老闆請了半天假去看醫生，當天下午就趕回台中上班。

才剛踏進小小的辦公室，老闆就把我叫到他的辦公桌前，把我訓了一頓，老闆責怪我明知工作那麼忙為何還請假。

回到自己的座位，攤開堆積滿桌的待翻文件，卻沒有辦法把心思放在這些密密麻麻的跳躍文字中，老闆的那番話，對我無疑是一記當頭棒喝！

我的腦袋又開始不停的對自己提問，這就是離開學校所謂的社會嗎？這就是我要展開的人生嗎？我開始認真思考自己的價值在哪裡。

兩位帶著官僚習氣的主管，每天喝茶、看報、抽煙、閒扯，既不關心翻譯質量，也不理會員工的健康。我問自己這種沒有前途的工作到底能再做多久？就在那關鍵的時刻我告訴自己，如果我是老闆，我一定可以做的更好。

就這樣，一個小小的念頭，創業的種子悄悄的在心中發了芽。當時我把我的想法跟大哥及三哥討論，三哥問我：「你知道全台灣有多少大學外文系的畢業生嗎？如果外文系畢業就可以開翻譯社，那翻譯社不就滿街都是了！」三哥還笑我「簡直是七月半的鴨子，不知死活！」

但是從小鼓勵我讀書、認為我天資聰穎的大哥卻有不同的看法，他覺得我的想法很可行，而且很肯定我應該會做得比現有的翻譯社都好。

也就這樣，大學畢業後第一份領薪水的工作僅僅維持了三個月，就開口跟雖然不看好我創業的三哥借了三萬元，在我二十二歲那年，憑著一股初生之犢不畏虎的勇氣，在台中靠近地方法院附近的一間三層樓透天厝，租了三樓，規劃為一間辦公室及兩個房間做為創業的起點，我的翻譯社正式營業，開始自己承接各類翻譯文件。

縱然在三哥口中，我簡直是一隻七月半不知死活的鴨子，但我毫無畏懼的開啟了自己人生數十年事業的起點。

大學畢業之後短短的三個月工作經驗中，除了埋首在密密麻麻的翻譯文件堆中，我也關注著這個行業的整體環境和業務屬性，當決定要自己創業後，心中已經有了方向。

首先我買了一本厚厚的電話簿，在電話簿裡翻遍所有鄰近的印刷廠和貿易廠商資料，因為在一九八〇年前後經濟起飛的台灣社會，英文並不普及，印刷廠和貿易廠商的中英文名片、目錄、產品簡介和說明書…等等，都需要翻譯社做為下游協力支援。

鎖定目標客戶群後，我開始騎上新買來的腳踏車，帶著名片一家一家逐門拜訪，只要是腳踏車騎得到的地方，再遠再辛苦都不會放棄。天氣熱時滿頭大汗；下雨天時一手撐傘、一手握著車龍頭緩慢前進，也不知道是哪裡來的勇氣，不論是市區巷弄還是鄉間田野，我總是四處穿梭，努力尋找客源，一點也不敢叫苦不敢鬆懈。

每當心裡感到挫折時，腦海中就會浮現小時候跟在母親身後的記憶，母親身上揹著孩子、肩上兩邊扛著沈甸甸的農作物，一步一步堅定的走在摻雜泥土和碎石的山路上，這樣的畫面成了我精神上最大的鼓勵。

在創業的最初期，一切都需要從零開始，感覺束手無策時，母親刻苦堅韌的精神，彷彿就是支撐著我跨越挑戰最重要的動力。

最辛苦的那段日子裡，陪著我到處奔波的，是一輛花了五百元買來的中古腳踏車，它被過度操勞的常常騎在路上就脫了鍊，而我也因此練就了一手，可以快速把脫落的車鍊瞬間修復的工夫，只是有時不得不帶著那沾滿油污的雙手，向客戶遞上名片，有點尷尬。

在經過一段時間的努力後，終於開始有了一些小小案子的業務，雖然最初都只是一些一百、兩百元的小案件，卻已經讓我雀躍不已。

一旦起步了就不會再回頭的信念愈發堅定，從拜訪客戶到來來回回的取稿送件，無論大小案件，我總是付出最大的誠意和耐心，對於工作品質的要求更是嚴格把關，於是透過客戶的口碑和推薦，我的小翻譯社也需要請員工了，總算慢慢的漸入佳境。

翻譯社成立初期，當時在草屯電力公司上班的三哥，和我一同分租落腳在翻譯社後段的兩個房間。隨著翻譯業務蒸蒸日上，母親也從埔里老家搬過來與我同住，照顧我和三哥的飲食和生活。

很快的大約過了一年之後，當時已經成家在高雄煉油廠工作的大哥，見我在台中的翻譯社經營已有經驗，於是鼓勵我南下到高雄拓展業務。因為高雄是個海港商城，世界各地的商船往來停泊，國際貿易十分活絡。

又一次的，我安頓了在台中的翻譯社的運作模式，收拾起行囊，向那個青春時期就熟知的第二故鄉～高雄出發！

在經驗中累積力量

《被偷走的生意》

開啓高雄事業是在第一家翻譯社的一年之後，雖然此時已經有了一年在台中成功的創業經驗，但仍然免不了要面對一個從無到有的全新局面。

高雄的翻譯社立點在靠近地方法院的中正四路上，附近有地方法院、警察總局、市議會、市立醫院、五家銀行和郵局。我在警察總局旁有一排未開發的小商場中間，找到了一家打字行分租共用的一個小店面。

因為很多翻譯文件都需要送到地方法院公証處認証，基於地利上的優勢，加上當時台灣外銷、貿易起飛，加上大量學子出國留學的風潮，翻譯社的工作量因而從名片、目錄、說明書的業務，開始轉向更專業的文件、証書、貿易書信⋯等類別，因為這樣的因緣際會，翻譯社很快在高雄取得一席之地。

這樣台中、高雄兩地奔波的日子又過了一年，花費了很多的時間在舟車勞頓之上，經過了深思熟慮後，我於是決定將台中的第一間翻譯社，轉讓給我的翻譯社的一位不良於行的女職員。

對於生命中自己一手開設的第一個事業，雖然很不捨，但是想到有位女孩，可以因此擁有一個安身立命的職所，心中也感到無比欣慰。

減少了每週往返台中高雄的時間壓力，我於是將全副精力投注在高雄的翻譯社業務上，不料正當一切都漸上軌道時，竟然被告知屋主要收回店面，雖然感到錯愕卻也無可奈何，只好倉促間盡快另覓他處再行安頓。

原來分租店面的打字行老闆，他告訴我不要擔心遷移招牌的問題，可以讓我暫時掛著，他再用油漆刷掉就好，他會幫我處理。

因為臨時決定的地點，是借用大哥在高雄五福二路附近的一棟公寓二樓，舊招牌也用不到，當時我非常感謝打字行老闆的熱心協助願意幫忙處理舊招牌。

遷到新址後的翻譯社，因為離開地點較適合的中正四路，又是在大廈樓上，生意一落千丈。這彷彿又回到了辛苦的創業初期，除了要重新開發新客戶，好不容易建立起來的舊客戶，似乎也天天在流失著，我想應該是因為地點的便利性不足，而導致生意量下滑的結果，只好鼓勵自己不要氣餒，想方設法再接再厲！

約末半個月後有一天，原來舊公司隔壁的皮鞋店老闆特地跑來找我，氣急敗壞的告訴我：「趕快去把妳的翻譯社招牌拿回來，人家偷走妳的生意了！」

原來是我以為好心的打字行老闆，聯合了我的兼職日文翻譯員，二人覬覦翻譯社的生意與前景，於是假藉房東要收回店面的理由，促使我在不知情的狀況下讓出舊址，並且而刻意的保留了我的舊招牌，竟只是為了接收我的客戶而已。

除了感謝皮鞋店老闆的好心告知，也立即處理舊招牌。對於生意被「偷走」這件事情，並沒有讓我傷心太久，因為我本來就是從零開始的啊！我總認為生意沒了就更努力重新開始吧！

事過境遷，有一天我接到了當時打字行李老闆，親自打來道歉的電話，他告訴我，因一時貪心而欺騙了我，感到十分愧疚，希望我能原諒他並且不要提出法律訴訟。

其實我並沒有計畫採取任何報復的行動，如今回想起來，最多就是學到對人的信任度多了一分警惕。倒是那位善良又正義的皮鞋店周老闆，在那段日子裡，三番兩次去探望我，而且每天特地端了椅子，正襟危坐在皮鞋店門口，為我指引新舊客戶到新遷地址的善舉，至今都令我深深感念。

遷址後的翻譯社，在大哥公寓二樓打拼的日子持續了一陣子，一直到皮鞋店老闆帶來新訊息，原來小商場裡皮鞋店隔壁空出了一個小隔間辦公室，只是必需和一家果汁攤共用一樓店面。

我毫不考慮的就決定要再次遷回最初的小商場，過了幾個月，附近終於有一家完整的店面可租用，幾經波折總算安定下來了。也因為當時明快的選擇，才能為公司的後續成長和發展，奠定較有利的基礎。

回到法院附近有地利之便的中正四路，翻譯社也因地緣優勢，使得業務量開始逐漸回升。在此同時也因緣際會的碰到一家營造公司，準備赴東南亞進行一項跨國工程的競標案，在很有限的時間內需要完成所有投標企劃書的翻譯工作。

當時在高雄有五家翻譯社都被一一徵詢評量，我也卯足全力積極爭取這個大案子，雖然我很有把握承接這個大案件，但是最終獲選的是最資深又有知名度、老闆又是大學教授的那家翻譯社，畢竟五家翻譯社中，我的是規模最小最資淺的一家，落選一點也不意外。

雖然因為我的翻譯社最不起眼所以沒有接到這個大案子，但是幾天之後情況有了戲劇性的變化，因為原先獲得此項業務的那家翻譯社，在接手工作一週後，發現投標企劃書難度太高、交件期又太趕，確定無法如期交件，因而不惜毀約喊停。

當那家營造公司老闆捧著投標書再度登門時，距離投標截止日僅剩兩週，也沒有其他任何翻譯社敢承接。這確實不是一件容易的工作，但在營造公司老闆殷切懇求之下，我認真思考著如何能在要求的期限內完成這項迫在眉睫的考驗，看來也唯有日夜趕工挑燈夜戰。

由於時間緊迫，因此我不得不向對方開出原來的雙倍報價的急件費用，沒想到對方竟如釋重擔般欣然接受。

當時所有中英文件只有我一個人在做，在不眠不休地日夜趕工下，終於如期完成了這項前所未遇極具挑戰的任務，不單單只是原文照翻，過程中我亦不斷與客戶協商溝通，重新整合了投標書的內容，也增加了公司歷史、經營理念、工程範例…等更具說服力的加分項目。

事實證明，所有的努力都有了回報，那家營造公司不但如期送達投標書，並且成功得標，獲得了前後共三期的工程合約，承包了長達十年的工程。

這次案件的成功讓我深深了解，做同樣一件事，有經過思考和沒有思考的差異，還有明確的判斷力和有效的執行力，事情的結果差別會有多大。

在磨難中培養智慧

《傳說中的社會叢林》

記得在高雄翻譯社剛開始的那年，雖然業務慢慢穩定但我還是不敢增聘人手，所以每天下午四點左右，捧著一疊一疊翻譯好的文件，趕在法院五點下班前送進公證處完成認證的程序。

這一天，我一如往常的又是捧著一大疊翻譯文件，準時出現在地方法院公證處，在遞交文件時，公證處的一位中年女性書記官，同行們都喊她葛阿姨，她不耐煩的瞪了我一眼口中叨唸著：「又是妳啊！每次都是妳最晚來，案件又最多，妳不知道我們幾點下班嗎？」被人這麼一唸，我當時也不知如何反應，只能輕聲的說著不好意思！那位葛阿姨書記官並沒打算罷手，她又續念道：「所有其他翻譯社都會提早兩三個小時到，也會幫忙抄寫登錄，就是妳從來都不會來幫忙！」她說的沒錯，好幾位女孩散坐在旁邊桌前埋頭抄寫。

我心中納悶著，登錄不正是書記官的工作嗎？但我仍開口表示自己可以留下來協助抄寫，她於是指著角落一張桌子，給了我一本登錄冊，要我抄完後再來排隊。

由於從來沒有自己登錄的經驗，只能小心翼翼戰戰兢兢的認真抄寫，希望可以趕在法院關門前順利完成所有作業。過了一會兒，這位葛阿姨走到我旁邊，拿起我正在抄寫的登錄本，忽然間，「啪！」的一聲用力拍打在我的桌子上，突如其來的舉動不僅嚇到我，也引起了週圍人的側目。

「連抄都會抄錯字，妳這個人到底有沒有讀過書啊？」眼前這位葛阿姨橫眉豎眼的拉開嗓門對著我吼，在這大庭廣眾之下，當下我頓時間愣住了，眼淚在眼眶裡打轉，從小到長這麼大從來沒有受過這樣的當眾羞辱，委屈一湧而上，然而我只是安靜平和的對她說出：「葛阿姨，對不起！我沒有讀過書。」

在那同時，心裡告訴自己：有一天我的翻譯社一定要成為全台灣最優質的翻譯社！那一年我二十四歲。

在法院公証處當眾遭到羞辱的事件，並沒有令我產生退卻或埋怨的心情，相反的還因禍得福的碰到更多貴人的幫助。也許是不忍心看見一個年紀輕輕的女孩子，遭受到官僚體系不合理的刁難和對待，在之後的地院往返工作中，我反而得助於公證處的兩位公證人諸多協助。

在那個流行人情掛帥的商場氛圍時代，業界流傳著「法院是不點燈的地方」這句話，枱面下的暗盤交易積習已久，但是我始終堅持著不塞紅包、不送禮的原則，凡事依誠信而行，特異獨行的態度反而幫助我在很短的時間內，完全專注在文件翻譯的專業規格和品質要求上，精準務實的行事風格，也讓我累積了更多寶貴的實務經驗，當然也慢慢建立起我無可取代的信譽。

過了一段期間後，隨著業務的成長，我也增聘了幾名職員，每天送法院公證認證的業務已經有助理負責。法院公證處那位曾當眾羞辱我的葛阿姨對我的態度已經大大轉彎更是友善有加。有一天高雄地院公証處來了一位新的公證官，也許是新官上任三把火的慣例，他甫到職即要求高雄所有翻譯社，一律需要負責人親自帶著身份証明到公證處驗證，才能開始受理各家公證認證業務。

當天下午騰出空檔，我帶著文件及身份証親赴公證處驗證。來到公證處，我將自己的身份証，連同一疊待審文件放在那位新到任的公證官辦公桌上，那位陌生臉孔男士，就是那位要求重新認證翻譯社老闆的新官。

他不急不徐的抬起頭打量了我一眼，簡短丟了一句：「叫妳們老闆來！」隨即又低下頭繼續他手中的工作。我並沒有回應他，只是面帶微笑安靜的站在原地等候。過了一會兒，他再度抬起頭來上下打量了我一下。

記得那天我穿了一件襯衫式的橘紅色洋裝，而他又重複了剛才那句話：「叫妳們老闆來啊！」這時候，書記官辦公桌那邊見狀的葛阿姨忍不住開口了：「彭公證官，請您先看一看人家身份証！」

當下，那位新上任的公證人，核對過我的身分證後，難以置信的接受了我這個，看似初出茅廬的年輕女老闆。

沒想到透過這樣的因緣，在三個月後，我竟收到人生中第一封用書法楷體，工整書寫的告白情書，密密麻麻三張信紙中，讓我印象深刻的是信中兩行：「眾里尋她千百度，驀然回首，那人卻在燈火闌珊處。」

彭公證官是一位長相豪邁、個性積極的法律人，在大學法律系畢業後，通過國家公證官考試並在外交部受訓結束後，分發到高雄地院擔任公職。

之後在幾次的互動閒聊中，他提及初見面時，被我的年輕樣貌嚇了一跳的事情，那是因為他通過高考在外交部受訓期間，曾被耳提面命，中南部地區的公證文件，一律以我經營的翻譯社的水平做為審核的範本，所以他本位的認知，以為負責人應該是位白髮蒼蒼的老學究，萬萬沒想過竟是一位妙齡女子。

後來彭公證官在考取律師執照後離開了公證處，但我和他一直維持著長期的友好關係，然而也因為這樣的緣份，讓自己不經意的證實了幾年前悄悄在心中立下的心願～成為台灣最優的翻譯公司，終於兌現了。那一年我二十六歲。

在嘗試中成長蛻變

《從翻譯到貿易》

一九八一年高雄過港隧道動工，歷經了三年的時間，完成台灣第一座海底公路隧道，這座全長一千六百七十公尺的隧道工程中，其間的所有電器和照明設備，都是由一家國際公司所承包，因此龐大的設備規範內容和操作說明等文件，都需要翻譯成中文版。

為了符合資格爭取這上百萬元的大案子，我毅然決定新成立了另一家翻譯企業股份有限公司，在經過比價試做的嚴格評估之後，公司順利的在許多競爭對手中拔得頭籌，取得了這個大案子。經過這次過港隧道工程翻譯案的歷練，我的翻譯事業業務也蒸蒸日上，公司員工也從原來的五個人慢慢增加到二十人左右，業務範圍也牽涉越來越廣，從個人到跨國公司、私人或政府機構、營利或非營利事業單位都有。我也從我喜愛的哲學和文學領域跨出，進入現實社會，接觸士農工商各行各業，慢慢了解、慢慢融入我們生存的現實世界。

從初創業後經過七年多的努力，隨著翻譯業務的多元化，其間不乏大量的貿易往來商業文件，耳濡目染之後，也打開了我對貿易業務的好奇新視野，於是我開始大量吸收貿易實務相關知識，從書本和雜誌還有業務來往的單位機構，累積了足夠的知識，當時沒有網路資訊，只能透過出版社和外貿協會的最新經濟資訊收集相關資料，在做好準備後，我便成立了貿易公司開始了我的貿易事業。那一年我三十歲！

剛開始我從汽車材料買賣開始做，慢慢拓展到運動材料產品和其他產品。有一天，在雜誌上偶然讀到一篇，位於日本橫濱的棒球協會，徵尋「再生球」的報導，當下眼睛一亮，引起了我很大的興趣，心中納悶著，什麼是再生球？為什麼日本企業需要跨海尋找再生球？為了找出答案，我洽詢了國內多家運動器材廠商，卻沒有人知道什麼是「再生球」，更加驅使我更想要一探究竟，也因為好奇，人生往前多邁了好幾步。

搜集了那家日本公司的相關資料後，根據我的判斷，再生球絕非市場上已經有的一般產品，競爭者相對比較少，值得花時費力深入了解，更值得積極爭取這個機會。透過書信往返後，抱著機不可失的心情，決定親自到日本拜訪橫濱棒球協會總教練，爭取可能的合作機會。

棒球運動在日本是一個非常重要的項目，也是僅次於摔角的體育國技。從一九六〇年代以來，棒球比賽也早已經是日本、台灣和美國的大事，相對的棒球也是高需求的運動耗材，日本這個國家對於捧球的使用量之大，自然是無庸置疑的商機。

由於棒球球隊多，訓練頻繁，所需棒球數量驚人，汰換率也高的原因，也因此促成了棒球協會有人想出能環保又經濟的計劃，就是讓每個棒球球隊回收比賽用過的棒球，經過整理後讓每個球隊訓練時再用，這樣不但可以環保減少可觀的棒球垃圾，又能幫球隊節省購買新球的成本。

在我親自拜訪了橫濱棒球協會總教練山島先生，了解他的想法和觀念之後，我非常佩服橫濱棒球協會的創新思維，更佩服他們願意在環保和經濟考量下，不辭辛勞執行棒球再生計畫，當然對我這個貿易新人，只要能談成合作一定全力配合。

皇天不負苦心人，我終於拿到三年的再生球合作合約！於是棒球協會總教練定期把各棒球隊比賽用過的棒球收集，運送到台灣給我，我再透過台灣的棒球製造工廠，把舊的棒球外皮剝除，將球芯整理回原樣後再縫上新外皮，就如全新的棒球，我再運送回日本。

這件事讓我了解到越是獨門的生意，雖然起頭難，但值得接受挑戰，也讓我看到商場就是學無止境的無形大學，也有很多大道理，職場更是人生道場，也改變了我對日本人的看法。

原來日本帝國主義在二戰後，有了那麼大的改變，脫下政治外衣的日本人和我們印象中的日本人是不一樣的，也懂得為生長的那片土地盡一份心力。我所認識的山島先生更是一位信守承諾、有情有義、值得尊敬的前輩。

因為在我們合作一年多後，有一天山島先生警告我，最好再找幾家再生球加工廠，原來的加工廠楊老闆利用手段從政府出口單位獲悉我和山島先生的合作資訊，親自跑到橫濱找山島先生，告知再生球是他的工廠做的，所以他絕對可以用較低的價格跟山島先生合作，山島先生不恥沒有商業道德的楊老闆的所作所為，所以才把這訊息轉告我。

這讓我想起創業之初，合租辦公室的李先生和我的日文吳姓翻譯員聯手欺騙我的事件。或許這也是老天爺又一次給我的功課吧！

除了再生球，我當然也出口更多新的棒球、各種運動用球類和器材到世界各國，也因此造就了日後可觀的貿易業績，也奠定了我在貿易方面的實力。

我越來越喜歡貿易業務了，因為藉由貿易我可以認識很多不同的領域，還可以遊走世界各國，拓展我的人生，打開我的視野。我更深深體會到人要成長、社會要進步就必須要和國際接軌，接觸不同人文的重要性。

在危機中尋找出路

《生命的轉捩點》

貿易公司的成立，猶如打通任督二脈，我開始迎向更多樣業務的挑戰，積極努力開發國外貿易市場。有好幾次到荷蘭出差的時候，每每為一大片一大片的花海著迷，尤其是被開滿朵朵如愛心形狀的火鶴花園的美景所深深震懾住，久久不能忘懷。

那是一長出來就帶著愛心的紅色火鶴花，總是那麼熱情奔放，尤其超長的花期和耐久的生命力，就像永不對生命低頭的我，活得自在又充滿了希望。也許就是那種感覺，也許是心靈深處還藏有一些不同的夢想，我引進荷蘭火鶴花栽種相關技巧，就在埔里老家展開了我奢侈的夢想。

之前我曾為了解決埔里老家父母親和村裡鄰居們飲水的問題，而花費六百萬元買下了一處水源地的整個山谷。剛好那山谷有一塊三公頃閒置的土地，經過評估，氣候、土質、水質和周邊環境都很適合種火鶴花，於是我又成立了我的農場開始花卉的種植和外銷日本的業務。

花卉農場的工作並沒有想像中的輕鬆，看著一片土地從荒蕪到繁花盛開，這中間要經歷過多少日曬雨淋，以及勞心勞力的付出。農夫除了靠天吃飯，同時也要面對各種病蟲害的挑戰，還有拍賣市場的競爭。

在經營花卉農場的那些年，雖然已經盡心盡力的付出，就算農場的花卉在外銷和拍賣市場已經賣到最好的價格了，但終究還是敵不過幾乎沒有利潤的現實考驗，最後我只好忍痛放棄了這看似成功但不切實際的美夢。

或許花費一千多萬台幣去圓一個夢是有點不切實際，但這件事我一點都不後悔，或許當時我如果把那筆錢去投資在房地產上，獲利一定很可觀，對我而言，如果有個日日牽絆著我的夢想，我卻沒有嘗試去實現，而會讓我遺憾終生，那我當然選擇此生無憾，而且在那個經得起失敗的年輕歲月，我的花卉農場對我的人生來說，就好像天空短暫出現的一道彩虹。如今回想起來，那幾年與花為伍的日子，也成了我在忙碌工作之餘，最美的心靈休憩站。

創業幾年下來，三家公司的經營運作，幾乎佔滿了我全部的生活重心。我將在三姊餐廳幫忙打雜的弟弟，帶進公司讓他學習業務，也好讓他學有一技之長，將來可以養家糊口，母親也可以不必再為弟弟的工作煩惱。這樣的安排讓我能更用心專注在公司的整體營運拓展。然而致力於事業版圖的拓展，隨之而來的，卻是令人意料之外的狀況連連。

公司業務擴增，人事需求也隨之提高，辦公室管理自然也愈發重要，然而就在此時，既為家人又是工作伙伴的弟弟，卻在於公於私的領域上，都成為了我心中最大隱憂。

弟弟常常因為員工的對話內容或工作態度，而指責員工的不是，常常和員工吵架，並且以老闆姿態對員工百般刁難，久而久之，有些跟隨我多年的優秀員工受不了而離職。

由於弟弟個性小心多疑，固執又難溝通，我和弟弟個性迥異，弟弟常常責備員工都不是因為員工的工作能力或工作失誤，我為此和他起爭執，在公事上也因為常常與他無法有效溝通而感到身心俱疲。

為了顧全大局也為了息事寧人，我總是一面要忍受弟弟的無理取鬧，一面又要安撫員工，才能讓工作如期順利完成。然而事情並沒有因為我的退讓而趨於緩和，我甚至完全無法理解自己的手足，為何如此變本加厲的對我惡言相向！

漸漸的，弟弟和員工還有和我之間的摩擦越來越大，甚至到後來弟弟在公司裡，明目張膽的阻撓我與客戶的會談，扯電話線、踹門、怒拍桌…而且不惜出言恐嚇：「不准妳碰我們家的事業！」更想不到的是，他也回埔里老家向父母兄姊們指控我莫需有的罪狀。

弟弟的作為除了令人不解，同時也造成了我精神上極大的恐懼，當我求救家人時，得到的答案竟然是：「妳把公司讓給他，他就不會再鬧了！」

縱使心中無限委屈，在幾番思量後我決定長痛不如短痛，於是退出翻譯社和翻譯公司的經營讓給了弟弟，僅保留貿易公司繼續運作，同時也搬出了自己努力多年買下的辦公和住家大樓，暫時在飯店落腳。

原以為這樣的退讓可以平息與弟弟之間的爭端，而我也可以重新拾回生活的正軌，然而這僅僅是我一廂情願的想法而已，平靜的生活沒有太長，直到我接獲會計師來電，要求我到事務所辦理貿易公司的股份轉讓文件，原來是弟弟已經單方面進行，將我貿易公司的股份，轉讓給一名負責貿易業務的女性員工，也就是他當時的女友，後來的弟媳。

這最後一根稻草徹底的把我擊潰了，我思索著自己如何從大學畢業開始白手起家，每天工作十幾個小時，一步一腳印的走了十一年，才有眼前的成績，難道就要這樣放棄嗎？

因為事情太突然也太意外，霎時之間，陷入全然的六神無主。當時在公證處認識後來轉到新竹自己開業的好友彭律師給了我一個建議，他建議我回埔里家找父母親主持公道，尋求一個解決方法，萬不得已再走法律途徑對簿公堂。

聽了彭律師的建議，在一個傾盆大雨的早上，我從台中車站搭了一部計程車直奔埔里家中。進了家門，在廚房見到父母，所有的委屈心酸一湧而上，夾著複雜情緒的淚水頓時決了堤，話未說出口，我已經雙膝跪地泣不成聲，我哭著請求父母親給我一條生路！坐在飯桌前的父親表情嚴肅而凝重卻不發一語；母親並沒有再多問些什麼，她只是緩緩的從椅子上站起來走向我，淡淡的吐出一句：「自己造成的結果要自己承擔。」

當下我非常不解，明明是看著我白手創業、一向支持我的母親，為何態度變得如此陌生，我心裡吶喊著「媽媽！我也是您的孩子啊！」我清楚知道媽媽此刻是護著弟弟的，因為弟弟的個性和能力，讓母親一直都擔心著弟弟的前途，這點我是可以理解的，但是，不管怎麼說，我也是她的孩子，不是嗎？

心寒至極，告別了父母後搭上等在門口的計乘車，獨自回到高雄暫時棲身的飯店，面對未來茫然不知所措。在弟弟強烈抵制下，我甚至無法進入公司上班，僅能待在飯店裡，用電話協助員工處理問題，讓公司正常營運。就這樣我在飯店住了近兩個月，終於被當時在台北工作的男友孫皓知悉，他首先要我離開飯店，搬進他在高雄閒置的大樓住家。

孫皓是高雄長大的孩子，在美國完成研究所學業返台後，即被禮聘至美商電腦公司，任職一年多就升任高階經理人，也因為工作的緣故，孫皓多半的時候都住在台北，只能假日南北兩邊跑。

由於我們兩人都忙碌在各自的工作事業上，即便交往了三年多，感情已經到了論及婚嫁時的階段，由於同在公司的弟弟多方阻擾，雖然我早已經過了適婚年齡，父母家人全都反對我結婚，因此婚姻大事也就延滯了下來。

在飯店待了兩個多月之後，我最終還是搬進了孫皓在高雄的住所，然而與弟弟在公司上的衝突並沒有解決，我一方面辛苦的維持著公司的運作，一方面更辛苦的極力避開與弟弟的接觸，在那一段心力交瘁的日子裡，最痛心的是得不到家人的支持，於是孫皓避風港般的住所，和他三不五時快遞而來的鮮花，成了內心強大的安定力量。

混亂的生活依舊盲目的持續著，直到有一天，和我最親近的小妹問了我一句話：「如果妳能成功地開創三家公司，為什麼不再去開創第四家公司呢？」

小妹的一句話如當頭棒喝般的敲醒了我，是啊，為什麼自己身陷在泥沼而不自覺呢？從創業至今，我不是一次次跌倒，又一次次站起來過嗎？我為什麼要把時間和精力，都耗損在這個無解的困境裡呢？經過一番冷靜思考，我退出了一手建立的貿易公司，連同房產，全部給了我弟弟所謂的「我們家」。

與此同時，在已經調往台北公證處任職的舊識蔡主任的協助下，我毅然決定支身北上，毫無預警的與孫皓在台北地方法院，完成了公證結婚手續。

蔡主任看著我從一家小小的翻譯社拓展到三家公司，從一人公司增加到二、三十人的公司，所以特別安排了一個最大的結婚禮堂給我辦公證婚禮。

偌大的禮堂，空空盪盪的只有結婚當事人、婚禮公証人，以及孫皓的兩位同事充當證婚人。程序結束後，蔡主任略顯疑惑的問了我一句話：「妳的家人知道妳今天結婚嗎？」

其實我的結婚大事是在公證之後才開始辦理的，當父母得知我已經公證結婚的事實，縱然有再多的不滿，但也無法以祖宅新居尚未落成或廟會建醮，來做為時間不恰當的理由。

之所以會促使這樣的人生大轉折，也許是因為努力了多年的事業，在當下遭遇無從想像也無力抗拒的困境，連最基本的安身之處，都成為壓倒駱駝的最後一根稻草。於是，這一次義無反顧奔向的是~婚姻！當時我三十三歲！

我的婚姻，對我的娘家來說，是少了一隻金母雞，在我還沒出嫁以前，祖厝新建由我負擔大部分的經費，父母親只要有大筆開銷，只要讓我知道，我一定義不容辭全部買單，這也是為甚麼我已經三十三歲了，就算家裡其他六個姊妹都是二十三歲前就完成婚姻大事，但全家卻沒有人同意我結婚的事。

公證結婚並沒有減少任何應該有的繁瑣程序，足足一個月的時間從下聘、喜餅、試衣、婚紗拍照、宴客，加上孫皓家族親友和繁瑣禮俗，光光是宴客就在埔里、高雄、台北分別舉行了三場。

最後一場來到了台北，賓客多數是孫皓在美商公司的同事，以及他的父親在銀行商界的人脈。熱鬧而華麗的喜宴上，我的父母似乎沒有露出太多喜悅表情，而我從小最敬愛的大哥，也始終都沒有出現。

儘管心中百味雜陳，我只是像小時候一樣，默默的自己承受，既不辯解也不對抗，因為我總相信，即便是再大的誤會，總有水落石出的那天，老天爺會讓我所有家人了解事實真相。

當婚姻塵埃落定後，我清楚的明白，從今以後，我必須面對更大的挑戰，我將人生前十年的創業歷程，做了果斷而明確的捨離之後三個月，我再一次從零開始，一九八八年我開創了第四家公司，業務涵蓋了翻譯、貿易、留學、移民和海外投資。

在一九八〇～九〇年代移民潮才剛要盛行之初，我幸運的抓住了這股剛剛起步的新趨勢，毅然投入海外求學、工作居留、國際貿易的這個大市場，從此與海外業務相關事業結下了半生之緣。

要不是弟弟把我趕出我開的三家公司，我也不會有動機從頭開始開創一家全新的事業。再一次，我接受了老天爺的考驗！

從世俗的眼光看似每一次又從零開始，其實，並不盡然，因為我累積了更豐富的人生歷練，這才是老天爺一次又一次給我的更珍貴的禮物！我的國際公司在高雄正式成立，我為自己的人生，重新開創了一條更寬更廣的道路。那一年我三十三歲。

愛～是宇宙賜給我們最大的禮物

《走過青春情事》

秋霖是位越南僑生，一九七五年越戰期間在家族協助下，他和另外多名兄弟姊妹，被迫離開了越南，分散落腳在世界各地。認識秋霖時他已經一個人獨自在台灣生活了幾年。

一個九月初秋的下午，他抱著一疊文件推開了公司的大門，當時他是高雄醫學院六年級的學生，詢問是否可以幫他申請美國大學的醫學研究所，包括芝加哥大學醫學研究所的入學申請。初初相見時，感覺秋霖是個沈默寡言的男孩，沒有特別俊俏的臉龐，也沒有挺拔的外表，但是他身上所散發出來一種與世無爭的氣質，宛如從古畫中走出來的書生，淡泊清靈。

因為受理了他的留學申請案子，常常要和他一起討論他的研究所讀書計畫，我們有了密集接觸的機會，也因為這樣的互動，在不知不覺中談了很多平常不會和別人談的人生哲學話題，我們就好像一對隔世知己，我才說完上一句，他就知道我的下一句要說什麼。有時只是一個眼神，就已經回答對方了。那種隔世知己的感覺隨著時日增長，我們的約會變成每天勞累後對彼此最好的獎賞。

幾次約會後，我發現這個瘦高的大男孩，似乎總穿著略顯短小的衣褲，就像一種剪裁不良的七分袖襯衫，和沒有隨著身體長高而變長的八分褲，也許是因為遠離家園獨自在異國求學，練就了他克勤節儉的生活態度，一穿再穿的舊衣褲，縱然可以維持著簡潔的原貌，卻阻擋不了不斷成長的體型。

經濟的清苦並沒有折損他無染的靈氣特質，我們在精神層面的契合已經超越了物質。他喜歡聽著我訴說天馬行空的哲學思想　，也能輕鬆自在的進入我的異想世界，不論是拜倫還是莎翁，榮格亦或尼采，我們總是能淘淘不絕的從白天聊到日暮，從黑夜聊到清晨，他總是默默地聽著我暢談哲學人生，偶而會冒出一、二句很有深度的論點，更增添難忘的那段我們相知相惜的共處時光。

一年之後，秋霖順利通過美國芝加哥大學醫學研究所入學申請，在高醫畢業後，隨既整裝赴美進入芝加哥大學醫學研究所就讀。我們說好了，等他在美國學業和工作身分都穩定後，我就赴美讀研究所，然後和他結婚。

雖然彼此忙碌的生活，仍然不忘一個星期一封書信聯絡，就這樣過了一年之後，秋霖在研究所就讀的同時，也順利申請到住院醫師的工作，算是往規劃的目標一步步前進。

為了這份難得的緣分，我也申請了芝加哥大學經濟系研究所課程，往我們共同擬定的計畫邁進，一起讀書一起學習，一起成長一起探索，一起生活…也許一起到老～。

到達美國之後，我們分別居住在相距不遠、設備極簡的學校宿舍。有秋霖的協助，我很快就適應研究所的生活，除了到研究所上課，我們把很多的時間留在圖書館以及校園漫步，有多一些假期時，我們就離開居住的校區，開著車往鄰近的郊區去展開探索之旅，那一段短短的異國生活，一直是我心中最美好的回憶。

然而研究所上課兩個月之後，我發現經濟系研究所的課程，對我來說太簡單了，除了和秋霖的感情投入是值得的，我感覺自己在浪費生命，學習不需要的理論，讀研究所只是為了碩博士學位，生活對我來說有點不實際。

簡單而快樂的生活過了一段時間之後，因為我住的學校宿舍只有餐廳供餐，但唯一的蔬菜是熟爛的迷你高麗菜(袍子甘藍Brussels sprouts)，常常為了想念台灣的綠葉蔬菜，必須利用課餘時間搭公車到市區的亞洲超市，只為了買一把有台灣味的綠葉蔬菜，而且也只有一種蔬菜～菠菜。

回到沒有廚房設備的宿舍，也僅能以熱水壺將水燒開後，菠菜洗淨淋燙，就成了我朝思暮想的台式燙青菜。因為煮食的不便利，對於學校餐廳大部分是肉類和馬鈴薯的食物極度不適應，常常是簡單的吃一點熟爛的小小高麗菜加點馬鈴薯就打發了一餐。有一天傍晚下課回到宿舍，剛進門，忽然感到一陣天旋地轉，隨即昏倒在地。

醒來的時候我已經躺在醫院病床，秋霖滿臉焦慮的在旁邊看顧著我，原來是因為我沒有準時出現在圖書館，電話又沒人接，所以他立即衝到我的住處查看，發現我暈倒在屋裡，急忙將我送來醫院。幸好醫生在做完檢查後表示沒有什麼大礙，醫生表示應該是營養不良導致體力不支才暈倒，需要多多注意補充營養。

在暈倒事件發生之後，秋霖似乎有些感到內咎，總是想辦法特別花時間陪伴照顧我，但是在自己的記憶中，那似乎是一段特別茫然而無力的回憶。

秋霖的住院醫師工作越來越忙，忙碌的醫學研究和醫院工作佔據了他越來越多的時間，而我們的相處只能填充在極少量的休息中，不知不覺我瞭解到，他能給我的空間彷佛不能再大了。

如果這樣走下去，我可能就是走入婚姻進入家庭，成為一名全職家庭主婦，從此以後待在家裡相夫教子，然而這種畫面，在當時並不在我的人生藍圖裡，我清楚的明白在美國的那片土地上，已經看不到自己的未來。

我把我的想法明白的告訴秋霖，感謝他為我付出的一切，雖然我很珍惜與他之間的感情，但是我仍心繫於在台灣自己所建立的事業，也還未做好進入婚姻的準備。釐清了自己內心真正的想法，我於是放棄了學業，收拾行囊告別了我的初戀，告別了我深愛的柏拉圖，離開美國回到台灣。

分手之後我們仍然維持了很誠摯的友誼關係，在分手打拼的人生旅途中，依然相知相惜彼此關懷鼓勵，一直到三年之後，秋霖來信告知他即將結婚的消息，於是我們終於鬆開了那一條原本應該通往彼此的線。

我們曾在生命中的某一個點交會，在交會過後奔向兩條不同向的交叉線，卻在彼此心中留下了一份很深很深的感情，不論經過多少年，驀然回首，彼此都在對方的心靈深處，保留了一個重要而獨特的位置。

友誼是不會凋謝的鮮花

《一輩子的好朋友》

結束了短暫的美國求學體驗，我將重心重新投入在台灣的事業經營，很快的，忙碌又成為那幾年生活中的代名詞。每天早上醒來，頭腦中不斷的浮現要完成的工作行程，要約見的客戶名單……。

在經過一段深刻感情的洗禮之後，我讓自己回歸初心，心無旁鶩的致力於公司的多元發展。因為工作上的需要，我依然要接觸許多各式各樣、各行各業的人士，這其中當然也不乏有心追求者，然而我的全部心思卻已經被工作所填滿，只有在工作中，我才能真切的感覺到充實與成就。

二十八歲生日那天，早上一進辦公室，看見桌上已經擺滿了好幾束嬌艷的鮮花，我從小就對美麗的花朵情有獨鍾，在生日的時候收到鮮花倒也不奇怪，然而坐定後，在花束堆中看見一張署名泓淵的粉藍色手寫祝福小卡片，不由得思緒向前回朔了一番……。

泓淵在高雄一家規模很大的印刷廠擔任業務主管的職務，是個年齡小我三歲的陽光大男孩，大學一畢業就進入這家高雄最大的印刷廠工作，因為學以致用加上比別人更加勤奮的專注認真，讓他在短時間內受到老闆的器重，也是因為業務上的頻繁往來，我們因此逐漸熟悉而成為聊得來的朋友。

他常喜歡逗我開心，在自己的感覺中泓淵並非男女之間的情誼關係，也因為他比自己小了三歲，更像是一位可以輕鬆互動，無所不聊的朋友。

因為彼此相近的磁場和投緣的性情，拉近了我和泓淵之間輕鬆自在的相處模式，我總是在最需要的任何時候，一通電話就可以從他那裡獲得最即時的協助，而他也總是二話不說的把我的事擺在第一位，甚至一些雞毛蒜皮的小事，都比他自己的事情重要。

當這束綻放著繽紛色彩的花束放在眼前時，我彷彿意識到和泓淵之間已經存在著不一樣的認知。

泓淵的表白確實讓自己一度困惑，但是心中似乎又很清楚的知道，這是一份界於男女情愛之外，更令自己格外的想要珍惜的異性友誼。因為不想失去一個知心好友，也不願耽誤一個善良男孩的情感，所以我真誠的告訴他，與其猜測不確定的未來，我更加確定的是，我們可以做一輩子無話不談的好朋友，但我不可能是他的終身伴侶。

就在我拒絕他的求婚的一個月之後，泓淵默默辭去了印刷廠的高薪工作，收拾簡單行囊騎著他的摩托車，揮揮衣袖，展開了一趟一個人的環島之旅。

泓淵離開後整整半年的時間裡，我收到他從台灣各角落寄來的風景明信片，告訴我在哪裡落腳、看到什麼風景、碰到什麼人，和他旅行中點點滴滴的心情故事。半年的自我放逐對泓淵而言，無疑也是一次全然自我放空的心靈之旅，我不知道這樣的經歷在他年輕的生命中，究竟產生了什麼樣的蛻變，但是在往後的人生裡，不論我們彼此走過什麼樣的路程、遇到什麼樣的人、過著什麼樣的生活，唯一不變的是，我們一直信守著承諾彼此扶持，成為了一輩子的好朋友。

完成了一個人的環島壯舉後，泓淵並沒有回到他原來的職場，他憑藉著自己的聰明才智和學經歷，毅然的投入創業行列，在當時台灣升學競爭激烈的一九八〇年代，他開辦了自己的第一家升學補習班，因為獨到的眼光以及卓越的經營模式，再加上當時升學主義興盛的大環境優勢，補習班事業發展的既蓬勃又快速，不到三年的過程，已經從第一家擴增至四家升學中心和兩家外語中心。

在用心投注事業的那幾年，「勤勞」兩個字就是我們之間最大的共同點，在各自事業蒸蒸日上的同時，我們依然互相關心著彼此的工作，也在對方需要的時候毫不猶豫的伸出援手。

泓淵的敏銳、細膩和不求回報，一直存在於我們之間純真的友誼之中，對於不擅開車、沒有方向感的我，不論白天夜晚他總是可以抽出時間，以一種「繞個彎就順道」的寵愛，解決了我無數次的燃眉之急。

在二十歲出頭的創業初期，家人是最大的後盾和穩定的力量，然而在弟弟的事件之後，接下來的人生，泓淵成了我少數可以互相鼓勵的知己，我們就這樣在不同的事業領域中一路扶持，也是彼此可以毫無保留談心的對象。

這樣的相處模式延續了一段時日後，當他事業越做越大，補習班學生數高達三千多人時，泓淵第二次鼓起勇氣對我提出告白再次跟我求婚。

對我來說我很清楚，在紅塵俗世中，百歲恩愛夫妻鳳毛麟角，還不如當個沒有利害關係的好朋友，才能長長久久。冷靜的第二度拒絕後並沒有令我失去他，反而造就了我們一同度過大半輩子人生的友誼。

當我發覺泓淵身邊一直有一位愛慕著他的助理秘書時，我提醒他，一位真心愛他，而且願意全心全力為了他而活的好女人，才是他真正需要的終身伴侶。

幾年之後，在我因為與弟弟的摩擦越演越烈，不得不放棄一手創立的公司，在三十三歲那年不顧父母反對，與當時交往的孫皓執意赴台北公証結婚，泓淵也在隨後幾個月完成了他與祕書的婚姻大事，從此，我們終於分別走上各自人生的新里程。

姻緣天註定

《逃不掉的緣份》

我的先生孫皓，在相識之初絕非預料中的歸宿，因為承接了他家族的美國移民申請案，而認識了從美國學成返台的孫皓。孫皓從小就在家境優渥的環境中成長，父親大半輩子是金融機構的總經理，母親對於這個六名子女中最小的兒子更是溺愛有加。

求學時期，孫皓離開高雄在台北唸大學時，家裡便幫他買了一棟靠近學校的公寓房；赴美留學那幾年也是家裡幫他準備好房子、車子，提供不愁吃穿的充裕生活費。初見孫皓感覺他就是個時髦前衛、外向好動，很懂得生活品味的富家子弟，透過繁複的移民程序進行中，我愈發瞭解這個男孩子喜歡熱鬧的個性與熱愛打高爾夫球的特點，由於發現他常藉口找我，但我很清楚我們個性迥異，於是突發奇想的把他和也是留美回來的大學同學淑美聯想在一起。

淑美是我大學最要好的同學之一，淑美在大學時也是一個活潑外向的風雲人物，大學畢業隨即赴美留學取得博士學位，返台後如願在大學擔任外文系副教授的工作。也不知道什麼原因，我當時就是直覺這倆人的個性和學經歷真是絕配，兩人都有美國求學生活經驗，也有相近的嗜好和獨特的個性，為了轉移孫皓對我的關注，於是熱心的打算促成這一對佳偶。

對於相親的事孫皓從來都不置可否，也從來都不反對，然而他竟然可以連續四次在安排相親的約會時爽約了。事前毫無預警，事後也毫無解釋的動作，除了對他感到不可置信，對我的好友淑美更是有一份深深的歉意，但我仍不打算就此打住，依然安排了第五次的見面，而且地點就訂在孫皓住所的同棟大樓樓下的咖啡廳。

當天早上我和淑美二人在約定的時間前，提早到達了咖啡廳，淑美抱著十分好奇的心情，等著想要見到這位不見首不見尾，連續四次搞失蹤的相親本尊，我也信心滿滿的認為這次不可能再有失誤。和淑美聊著聊著，從大學往事到她的旅美生活，到同學們的多彩近況，然而時間一分一秒的過去，逾時十分鐘到逾時一個小時的遲到，孫皓依然不見蹤影！

忍無可忍的我撥了通電話給他，鈴聲響到第七聲，終於話筒那頭傳來彷彿剛從床上起來，一副還沒睡醒的含糊應答：

「喂～」

我本能不悅的提高噪門：

「你在做什麼啊？我們已經在樓下等了一個小時了！」沒想到他居然毫無歉意慢條斯理的回答：

「哦～我忘了！」

不可思議的我提高音量說道：

「你現在馬上起來，換好衣服就下來！」

還沒清醒的他停了三秒後冷冷的說道：

「不要，我還要睡覺！」

第五次，也是最後一次幫孫皓安排相親，整個事件結束在淑美難掩失落的臉上，和我百般尷尬的歉意裡。事情完全不在自己的預料之內，就像長輩們最常講的一句話：緣份是天註定的！我和孫皓的故事原來才剛剛揭開序幕。

生命中的接受與臣服

《命中注定的姻緣》

相親落跑五次的事件沒有在孫皓身上造成任何影響，他依舊一派瀟洒玩世不恭的出現在我的面前，總是不露痕跡的要我一起吃飯談公事、總是不請自來的坐在我辦公室前等我下班、總是拉著我一起去騎腳踏車、慢跑，還有總是會有不定期快遞送來的驚喜花束。

我一直告訴自己，孫皓絕對不是我心目中靈魂伴侶的那個人，他出生富裕家庭，從小沒有吃過一點苦，留學美國又擁有很高的高學歷，返台後也是輕鬆的進入令人稱羨的美商公司服務，工作才一年半就升任經理。

相對於我是個出身埔里鄉下，父母種田的農家小孩，截然不同的成長背景，加上我們幾乎找不到彼此間共同的嗜好與理念，然而孫皓似乎從來不認為追求我會有什麼問題。經過很多很多年以後，我最後終於了解到，原來從一開始他就已經表現出真正的內在性格~只要我喜歡，有什麼不可以！

孫皓始終帶著一貫的理所當然，而我在不知不覺中也默默的接受了這樣的相處模式，事實上，在當時旁人眼中，孫皓不論家世背景、學識經歷，甚至新潮時尚的外型和優雅上流的生活品質，確實都不失為一位條件優越的結婚對向。

有一回父親從埔里搭乘客運到高雄來探視子女，我衡量父親到達公司正是近午時分，於是思量著也是該介紹孫皓給父親鑑定的時候了，所以約了孫皓過來一同午餐。

父親到達公司的時間比預期早了些，他微微喘著氣，兩手拎著幾袋母親做的山珍美味，由於中午前我工作仍忙得不可開交，於是請父親在會客室稍作休息。

當自己在辦公室內和客戶講電話的同時，瞄見父親一個人雙手背於身後，緩緩踱步了公司一圈，表情溫柔平靜。當他走過我辦公室前，透過玻璃窗朝著正在電話中的我揮了揮手，嘴角微微揚起，那一刻，我腦中浮現小學時從學校帶著第一名的獎狀回家的情景，當時父親也是露出了一樣的表情。

結束了工作走出辦公室，發現孫皓已經到了，他與父親二人一起坐在會客室裡，氣氛有點僵住了，兩人之間也沒有太多互動。顧不得和女兒共進午餐，父親起身告訴我要搭下午一點的客運回埔里。在送父親到客運站的幾分鐘路上，父親終於緩緩的吐出一句話，他說：「妳嫁給這個人不會幸福！」

孫皓的父母親自到埔里提親了三次，都被母親以遷厝、建醮等各種理由回絕了，甚至在最後一次孫皓的母親直接向父母說出：「雖然妳家女兒條件不錯，但是她畢竟年紀不小了，雖然我兒子年紀也不小了，但是等著嫁進我們家的女孩，可是排了一條街還排不完呢！」即便如此，母親依舊面不改色的回絕了對方的提親。

當時的我無法理解父母的想法，雖然我很清楚我和孫皓個性差異很大，但論世俗條件，孫皓絕對是最佳女婿人選，而且我們家七個姊妹中，已經結婚的五個姊姊和一個妹妹，結婚的對象學歷最高也只是高中，工作也只是能餬口而已，但是孫皓當時是少數的留學生擁有高學經歷和社會地位，已經是鳳毛麟角了，為何父母一再反對我們的婚姻大事，尤其當時三十三歲的我早已超過適婚年齡了。

或許父母早已看到孫皓任性的個性，絕非負責任、體貼的丈夫性格了；或許在父母眼裡，這個獨特的六女，值得更合適的人選吧！

儘管父母二人雙雙都不看好這一段婚姻，然而命運最終還是把我們湊在了一起，孫皓的不放棄，再加上那幾年經歷了弟弟與我爭奪三家公司經營權的人生谷底，我在沒有家人支持的精疲力竭之下，彷彿落水的人看見一根浮木的心態，隨順因緣的游進了婚姻的避風港。

一九八八年我從自己一手創立經營的三家公司被趕出門，同年五月隨即赴台北與孫皓登記公證結婚，我記得儀式在早上十點開始，十二點和孫皓及他兩位幫忙證婚的同事吃過午餐後，我便旋風似的投入一連串事先排定的約見客戶行程。

先到一家建設公司見了三位建設公司老闆級客戶，一一簽妥合約，接著其中一位夏董事長載我到台北近郊的台北小城社區，那裡他幫我安排了五位大客戶見面，也順利一一完成簽約手續，我簽完第八份合約時，已半夜十二點多。

第八位客戶是位律師事務所的負責人趙律師，他熱心地告訴我，還有一位客戶在等著我，我不好意思地告訴他，我早上才公證結完婚，可不可以讓我先回我新婚的先生家，大夥們嚇了一跳，趕緊打住接下來的行程，夏董事長才連聲道歉趕緊送我回孫皓在內湖的住處。

我對台北企業家的豪氣算是開了眼界，也感恩在心，他們都是我事業上的貴人。但公證結婚當天工作仍擺第一的事，讓孫皓的母親一直都耿耿於懷，她一直不諒解這位拒婚三次的媳婦，居然會在新婚當天就工作至午夜才返家。

她很難理解，一堆女孩子搶著想要嫁的寶貝兒子，居然在新婚那天就被媳婦冷落！但孫皓的父親，在金融界一輩子，第一次看到一個新娘，結婚第一天，就為自己的事業工作到半夜才回家，對這位媳婦有驚訝也有不捨。

每個人都有自己的一片藍天

《婚姻的面貌》

我的國際事業公司在結婚那個月於高雄正式成立，在台北也設有辦公室，原本忙碌的事業更加忙碌了，在公司成立的初期，全台北中南出差也成了生活的常態，加上孫皓仍在台北美商公司任職，於是形成了我必須事業、婚姻南北兩頭跑的新婚形態，通常週一到週四我在高雄工作，週四傍晚返回台北內湖的家，周五和周六在台北上班。

在結婚之後，我與孫皓的生活依然維持在各自的工作步調上，雖然我們來自不同的成長背景，也有著截然不同的生活觀，但是我們卻有著勢均力敵的工作能力。

結婚初期兩人工作地點一南一北，也就是所謂半遠距婚姻狀態，雖然如此我仍盡力在忙碌工作之餘，認真的想要建立一個心目中理想的家庭模樣。

曾經有一次，從高雄回到台北內湖的週末，我特意排開工作，中午十二點就準時下班，到市場去大肆採買，拎著大包小包食材回到家裡，一邊翻著食譜一邊在熱鍋上認真翻炒，花了三四個小時，料理了滿滿一桌食物，對於不諳烹煮的我來說，簡直是一大考驗！

然而這樣的舉動並沒有得到預期的的迴響，當孫皓在晚餐時間回到家裡，看著滿滿一桌飯菜，竟然只是一臉不悅的問了一句：「妳到底想要証明什麼？」

孫皓一向注重美食和氛圍，在三年的交往期間，他總是帶著我走遍各地嚐盡各種美食，他樂此不疲的持續著這個享受美食的嗜好，不需要沒有廚藝的老婆勉強下廚，我終於看清楚他的「享受」的人生態度，也第一次理解爸爸看到孫皓後給我的忠告。

婚後我的事業重心很快的擴展到美國、加拿大、澳洲、紐西蘭、歐洲等地。九十年代的海外業務，涵蓋了協助客戶赴當地報到至安家，亦即從接機到購屋、買車、子女就學、銀行開戶、投資創業等主要事項，雖然在各個地區都設有當地安家職員，但是加上頻繁的組團赴國外考察行程，又加上貿易業務我幾乎十天半個月就需要往國外飛一趟。

兩年之後女兒出生了，那也是我的公司擴展最快最忙碌的階段，於是生完孩子聘請居家褓母協助照顧並打理家務。之後孫皓離開美商公司，憑藉自己的能力和多年累積下來的工作經驗，回到高雄獨立開設了在當時頗具前瞻的市場數據公司。

雖然他的公司與我的跨國事業並沒有太多交集之處，但是基於生活便利的因素，我們仍然設點在同一棟大樓同一層辦公室。孫皓回到高雄後，我們依然分別在自己的事業領域各忙各的，但至少結束了我在婚後一南一北來回奔波的日子。

公司的業務一直朝向跨國事業發展，除了全台北中南的據點，我頻繁的飛行在台灣、美加、紐澳和歐洲之間，除了留學以及工作居留的主要項目，也包括了貿易及投資業務，因此各國學校、政府機關都是往來單位，也讓我在因緣際會之下，投資在墨爾本的國際學院經營的教育事業，以及進口澳洲鰻魚苗在台灣進行養殖，再出口銷往日本市場的貿易。

忙碌的生活很快的又過了三年，小兒子也接著來報到，雖然孩子一直有保姆居家照顧，但是為了能夠有多一點的時間陪伴孩子，我特地在住家附近買了新蓋好的辦公大樓的辦公室，如此一來至少可以在午餐時間回到家裡陪伴孩子。

孫皓的公司和自己的辦公室僅咫尺之隔，有一回，我處理完工作尚有充裕時間，於是繞過去問了一下要不要一起回家吃中飯，辦公室裡忙碌著的孫皓沒有抬頭看我，僅僅咕噥了一句：「中午約了客戶！」於是我走回到自己辦公室稍做收拾，但是離開前一通重要的電話又讓我耽誤了十來分鐘。

離開公司後走出空調充裕的辦公大樓，南台灣下午炙熱的陽光迎面而來，我一面掏出隨身手帕拭去額頭汗珠，一面快步通過熙攘人潮，正要踏向對街斑馬線時，眼前瞥見一個熟悉背影，孫皓的女秘書手挽著孫皓，依偎在孫皓身上，二人狀似親暱的走進對街那家高檔日式餐廳，不論當下多麼努力的讓自己故作鎮定，也壓不住親眼目睹傳聞的震憾。

就在結婚後第五年，我向孫皓提出了離婚要求，然而對於一個有名望的富裕家庭而言，我這個擁有自己獨創事業的媳婦，就好像他們孫家錦上那一朵體面的花，連他的姊妹都警告他，千萬別讓你的金母雞跑了！

儘管我心裡想要放棄這一段不適合的婚姻，卻在母親一句：「公雞帶小雞會拖棚，母雞帶小雞才會久長。」的苦苦勸說下，基於一分母愛的天性，我從此絕口不再提離婚二字，因為兩個孩子是無辜的，不管離婚後跟父或是母，對孩子來說還是不完整的家，更何況孫皓在假日時，也都會開車帶家人一同出遊度假，孩子大部分都是快樂的過日子。

追根究底，孫皓愛玩的個性也給足了孩子歡樂的童年，而我們夫妻也因為個性上的差異，孩子反而獲得更多彩多姿的童年生活。

每一年孩子生日，孫皓總是想方設法的幫孩子舉辦生日趴，每每高達一、兩百人的聚會，他總是一手包辦著所有的籌備工作，孩子藉由熱鬧的生日趴，有機會體驗不同的生活形態，這也都是因為喜愛熱鬧的孫皓才可能辦得到。

從小我就嚮往純淨無瑕的感情觀，長大後我試圖追求一份柏拉圖式的愛情，走過青春歲月，淺嚐過心靈相通的愛情滋味，最後終究落回人間踏入世俗婚姻。

我從來就不覺得女人結婚後一定要靠老公生活，也不認為男人就一定要負起養家活口的重責大任。

初識孫皓就隱約知道，他不是我理想中想要相伴一生的那種人，孫皓是個個性外放，十足洋化思想的男人，喜歡自由自在拒絕被牽絆，而我卻是個內斂腳踏實地，卻又追求自我價值的女人，儘管兩人個性上有著天壤之別的差異，儘管事實證明這樣的婚姻不如預期，我仍然深深的相信，一定可以在婚姻的枷鎖中，跳脫束縛追尋自己的夢想。

在框架中追求自由的夢想

《在束縛中展翅飛翔》

兒子三歲左右，孫皓的公司因為經營不善而草草結束，同年孫皓的父親因不慎摔跤造成骨折，出院後由於無法爬樓梯的問題，於是和婆婆一起從透天樓房搬進有電梯設備的我們家。當時暫住家中的還有有孫皓二哥因離婚而無人照顧的就讀國中的兒子，加上家中原本的褓姆，頓時間家裡人滿為患。

這樣的生活約莫過了三個月，孫皓再也無法忍受，決定獨自赴澳洲安頓，起因是我們在結婚那年，孫皓問我當時有哪個國家可以最快拿到移民身分，當時因澳洲剛開放移民，急需電腦資訊方面的人才，我就幫孫皓申請澳洲移民。

由於孫皓美國的學歷和美商電腦公司的經歷，移民申請送件才半個月就獲批准，基於工作原因所以遲遲未赴澳定居。當時家人因各種因素，不得不暫時擠在同一屋簷下，這樣的擁擠不自由，讓孫皓猶如籠中之鳥難以伸展，於是澳洲成了他可以逃避現實的最佳選擇。

對於孫皓的決定我並未阻止，只是按部就班地過著忙碌的生活，每天一大早帶著保姆去市場買公婆偏好的菜，之後由保姆負責接送孩子們上下學、準備三餐及打理家務。

晚上，約莫八點我結束工作回到家，一邊吃著晚餐、一邊檢查著女兒的中文和數學功課，不時需要放下手上的筷子換上鉛筆或橡皮擦，把寫得不工整或錯誤的中文字擦掉，讓女兒重寫或在白紙上，反覆演算著加加減減的數學題。

當孩子累到分心打哈欠，我就用手上的鉛筆輕輕敲著她的手背，就這樣陪著孩子完成當天的功課，一切就緒後孩子們都入睡了，我才能卸下一整天的疲憊。

為了讓孫皓可以在澳洲安頓下來，我出售了自己婚前在加拿大溫哥華買的物業，轉至昆士蘭購買房產，也方便孩子們在寒暑假期間赴澳短住時，有一個自己的家。這樣的侯鳥生活維持了約莫兩年，為了改善兒子困擾的過敏體質問題，也因為孫皓在澳洲有了穩定的電信事業，於是決定讓孩子們提早赴澳定居和就學。

孩子們赴澳定居之後，我的事業重心依然留在台灣，雖然在澳洲有孫皓的照顧，但是為了確保兒女的生活作息妥善，我花了很大的精神，尋覓值得信賴的當地保姆，負責接送孩子上下學、照顧三餐及家務工作。在顧及事業和家庭的前提下，那幾年我則是每隔兩個月就飛回澳洲一個月。

一年至少五趟在南北半球之間來回奔波，這樣的生活看在母親眼裡深深為我感到不捨。有一年母親主動提出要來澳洲陪陪孩子，我非常感恩老天爺的安排，讓自小就離家念書的我，在經過這麼多年之後，還有機會和母親共享一段親密的相處時光。

年近八十的母親第一次到澳洲，她對我的工作和生活都感到十分的好奇，我也會在適當的時機和場合，帶著母親盛裝參加客戶聯誼活動或是較輕鬆的應酬聚會。

初次見到那麼多身著盛裝的企業家和金髮碧眼的洋人，高齡的母親總是露出新奇又有趣的神情，體驗著她人生中前所未有的經歷。母親回台後，每每在埔里老家聚會場合提起這一段，她都是興高采烈地描述著，每一場好幾百人的活動，滿滿的中外人士見到她的女兒，就像台灣迎媽祖的場面一樣的熱鬧！

即便在澳洲停留的時間，繁忙的工作量並沒有絲毫減少，在一個母親同住的冬日清晨，孩子們都還在睡夢中，為了我必須要搭乘早上第一班飛往墨爾本的班機，母親一早天還未亮就在廚房為我準備早餐，一邊忍不住叮嚀著：「再忙都不可以餓著肚子去工作！」此時，睡眼惺忪的孫皓在一旁不耐的催促著，被剝奪了睡眠時間的他，就在母親面前一臉不悅的摸黑送我到機場。

當天早上，先在墨爾本參加國際學院的校務會議，中午時緊接著從墨爾本搭機飛往雪梨，處理一件跨國投資開發案的設廠評估。

由於該案投資金額龐大，加上澳洲政府對於跨國企業在本地設廠，雖然很歡迎，但仍需符合政府各部門極繁瑣又嚴格的條例規定，從提案書、選地設點、環境評估以及簽約之後的執行能力，每一個環節都讓人鬆懈不得，完成一天緊湊的行程，我趕搭最後一班返回布里斯本的飛機。

拖著疲憊的身體回到家已經過了十點，母親擔心著我這麼晚了到底有沒有吃飯，趕緊起來忙著準備晚餐時特地幫我留下來的飯菜。停好車的孫皓隨後進門，看了一眼桌上的飯菜，冷冷地說了一句：「下次請保姆前，先教好她會做菜！

孫皓回到房間後，母親陪我坐在餐桌前看著我吃飯，母女二人在冬夜的廚房裡聊著聊著，她老人家不禁皺著眉頭說到：「依妳的能力，都可以娶到十個老公來服侍妳，為什麼偏偏要嫁一個不會疼老婆的人來受氣呢？」母親繼續抱怨著：「難道看不出來妳也是人，也會累嗎？對一個早上天黑黑就出門，晚上天黑黑才回到家的老婆，一進門就只知道嘮叨……」

我知道母親內心的不捨，我只是安靜地吃著飯，並沒有多說什麼，最後母親嘆了一口氣說道：「唉，別人的囝仔死未了！」

畢竟，這是父母反對，我自己決定的婚姻。

自己才是掌握生命的主人

《想自由就要自己學會飛》

結婚之後，孫皓從來不曾為家裡的經濟煩惱過，大從買房買車，小到水電瓦斯柴米油鹽，孩子的保姆費、教育費一律都是我的責任。任何時候只要缺錢了，孫皓一通電話一開口，我就如數把錢轉到他的帳戶。

即便如此，我還是每個月收到我幫孫皓辦的信用卡副卡被刷爆的銀行通知，直到有一回，因為我不願意將信用卡提高額度，孫皓一氣之下當著我的面摔毀那張副卡，當下我內心暗喜：「哈哈！總算不必再幫他繳信用卡了！」然而，我還是在他決定創業的時候，毫不考慮的大方給予所有資金上的協助。

我這樣對待他，不是因為他值得我如此對待，是因為我有能力這樣做，而我也選擇這樣做，在沒有仇恨的世界裡，讓我過得更快樂更自在。

過了幾年，孫皓的電訊公司已經在澳洲擁有六家門市，有一回我因手機故障急需一隻新機替換，他大方的告訴我，他已經交代過他的店經理我要買新手機的事了，要我直接去他的門市挑一隻喜歡的手機，孰不知，我挑好新手機辦好了手續，卻要我自己花錢買單，也沒有任何優惠待遇。

這不禁令我想起，曾有一次拜託當時正在商場的他，回家時順便幫我帶兩顆酪梨。不久後接到他的電話，猶豫的口氣告訴我：「酪梨一顆就要兩塊錢，妳確定要買嗎？」我對酪梨一顆兩塊錢到底算不算貴，其實一點概念都沒有，令我不解的是，孫皓可以眼不眨、眉不皺的一年換七部車，卻下不了決心為我買兩顆酪梨，我告訴他算了不用買了，而他也就老實不客氣的兩手空空回到家。

這些事讓我徹徹底底了解到父親第一次見過孫皓時給我的忠告，也讓我認清凡事要靠自己，只有自己變得夠強大了，才能真正不在乎別人怎麼對待你，才能通過所有生命中的考驗，也才能找到真正的快樂和幸福！

如果把快樂或幸福的希望寄託在別人身上，既便是最親的家人身上，也是世界上最冒險的一件事。所以對於這樣的婚姻，我並沒有太大的失望，更沒有任何情緒反應，唯一的是在心裡告訴自己：「喔！原來如此！」因為，關鍵在婚姻對我而言，只是我想經歷紅塵俗世的生活的一個過程而已。

我在所有文學或歷史故事或現實生活中，早就知道，天下沒有永久的愛情，更沒有「從此就過著快樂幸福的王子和公主！」我清楚地告訴自己：「想自由就要自己學會飛！」

因為長年往來在台灣澳洲兩地之間，我也就地緣之便開發了很多在澳洲的商機，經常配合地方政府，聯合舉辦招商投資說明會、客戶聯誼會等大型活動。

有一回活動地點設在一家華人經營的著名餐廳，熱鬧的餐會結束後，店家老闆知悉我是常客孫皓的太太，特意過來打了招呼，然後意有所指的壓低嗓門對我說到：「董事長，妳要常常回來澳洲，不然妳老公都帶別的女人來吃飯喔！」

多年以來對於諸如此類的好意，我也僅是保持著一貫的禮貌，微笑著點頭致意。孫皓適合當朋友，但不適合當可以依靠的丈夫，這點我很清楚，這是他本來的面貌，不想要去改變他，但也不想因他而改變自我，所以兩個人就當一輩子的朋友吧！

我結婚的時候就知道，我們兩人個性差異很大，生活背景完全不同，人生觀更不同。或許，正是因為孫皓身上具有我完全沒有的特質，我才會決定跟他結婚的吧！認清了事實，就不必去計較孫皓的所做所為了。

對於這樣的男人，我是不會浪費自己的心思去關注，也不會浪費我的生命去糾纏的！雖然一年四、五趟的奔波在南北半球之間，我心裡很明白，孫皓一直有著他自己的生活方式，他與澳籍保姆間的傳言，在我心中起不了波瀾。

因為當年公公婆婆住在我們家養病期間，他居然可以放心的一個人跑到澳洲定居，把他自己的父母及姪子和自己的孩子全部留給我一人照顧時，我就看清楚孫皓的個性了。

孫皓常常把褓姆和褓姆的兩個兒子當成家人一般，和我們自己的兩個孩子，帶著一起出遊或上餐廳。這樣的行徑我一點也不在意，因為這就是孫皓本來的個性。而且這位褓姆對我的兩個孩子有用心照顧，讓我不在澳洲時，可以不必擔心孩子的日常生活問題，對我來說已經足夠了。而且我對保姆只有感恩之情，不必去計較他們之間的感情是對或錯。

我一向都認為，人和人相處如果能多看些優點，就會少了很多的紛爭和煩惱了。就好像我種在花園的花，我一直都只記得花開時有多麼美，我從不記得葉落時有多麼淒涼，所以我總是用心的照顧園裡的每株花。

我因工作關係，需要經常搭飛機出國或出差，無法天天守在孩子身邊照顧孩子，所以我需要有個可靠的褓姆幫我照顧我的孩子，我很高興雖然我常不在家，但我的孩子都能平安健康快樂的長大！而且我非常了解，以孫皓的脾氣和個性，他的每一段關係都不會維持太久，我反而更擔心有一天如果他和褓姆鬧翻了，我需要重新找一個值得我信賴的褓姆時，才是更麻煩的事。

我一向都不認同在傳統婚姻裡，只要發生配偶外遇或所愛的人變心了，兩個人就得糾結在仇恨中，糾纏一輩子，讓自己過得像人間地獄的生活。我覺得世間所有人事物，如果不愛了，就應該提早捨棄或放下，才是善待自己最好的方法。

對於讓自己不快樂的人事物，我選擇放下，放過別人放過自己，繼續過自己的生活，不要去過別人的生活。我喜歡問心無愧的過日子，讓自己更自在。我也不喜歡把心思浪費在不能改變的過去，專注在當下，做該做的事，快樂健康的活著更有意義。

所以對於孫皓的個人喜好我根本不在意，我發現當我把孫皓當朋友之後，兩個人相處更和諧了，自己也更快樂了！心轉了，我的世界也就跟著轉了！

我真正關心的是我的女兒和兒子。我的女兒聰明活潑一副俠女風範，喜歡看各類的書籍，嗜書如狂，但一本書永遠都只看一遍就夠了，因為她記性特別好可以說過目不忘，她常常會根據看過的故事內容，自己再編一個故事講給我聽，我和兒子常常聽得哈哈大笑。

兒子善良體貼，我永遠記得他才六個月大，就懂得體貼褓姆那件事，有一次褓姆鑽到桌子底下幫他撿球，起身時撞到了頭，他連忙爬過去，抱著褓姆，並輕撫褓姆的頭，拍拍褓姆的肩膀。

兒子做每件事都很細心又認真，但又幽默睿智。我很高興兩個孩子都沒有遺傳到孫皓那種「只要我喜歡，有什麼不可以！」的任性特質。看到兩個那麼優秀的孩子，我所有的努力都值得了，這兩個孩子才是我的真愛。我常常感恩老天爺對我如此厚愛，給了我那麼棒的女兒和兒子！

我從來不計較孫皓像一匹脫韁的野馬，在家庭的框架裡仍然能夠隨心所欲恣意而行，我只想在傳統的婚姻文化，賦予女性弱勢角色的認知中，重新尋回自己真正的價值，勇敢追求屬於自己的夢想。對於婚姻我不抱怨也不抗拒，相反的，我總是感恩老天爺，讓我有能力照顧好我的孩子，照顧好我的家。

歷經了結婚、生兒育女、舉家移民的幾個重要階段，我在同時間也用心經營著自己的跨國事業，公司業務發展快速，由於客戶和合作夥伴對我的信任，在美國有退休村，在加拿大有渡假村不動產開發案，在澳洲有私立學院這些大規模的投資事業順利進行。

人生總是因為有挑戰而更多采多姿，因為經歷過不如意才能在一帆風順時更珍惜所擁有的一切。我總是感恩老天爺，不時給我各種出乎意料的考驗，也在我通過考驗時，給我更豐盛的收穫。

經過淬煉的豐盛

《無心插柳的澳洲榮譽公民》

赴澳洲報到之後整整十年的時間，我大部分的事業重心仍然留在台灣，雖然密集往返在台澳之間，但實際停留澳洲日數，遠遠未達澳洲公民申請標準，當我第二次提出返澳簽證延期時，澳洲移民局給我的回覆是，因居住的日數未符合標準，僅能給予三個月短期返澳簽證。

這樣的結果無疑對我 造成極大的困擾，這意味著我必須在家庭和事業的天秤上，做出相當程度的調整。

當時人在澳洲的我，正苦惱於該接受短期簽證返台？還是留下來長住，完成不足的居留日數？就在進退為難的時刻，接到了一通來自台北的澳洲在台辦事處的電話，為了一年一度澳洲在台舉辦的商業論壇盛會，他們急於要我返台協助相關事宜，在得知我的處境後，在台辦事處透過與澳洲移民局、州政府之間再三溝通，決定將我的案子重新審核。

很快的我就獲得辦事處通知，無須接受三個月短期簽證，原來移民局查閱了我過去十年來，在澳洲的商業往來資料，發現僅僅在當年度，我負責的公司成功協助企業家投資總額，就占了全澳洲投資總額相當可觀的比例。而且我在墨爾本投資的國際學院規模夠大，又是學校董事會成員。基於這些傲人的成績，再加上我例年來協辦澳洲在台商業論壇招商活動的種種事蹟，澳洲政府決定以「對澳洲經濟文化有顯著卓越貢獻」之名，頒發給我榮譽公民的殊榮。

回想我的移民歷史，其實一直沒有認真地想要取得哪一個國家的公民身份，為了必要的商務旅遊行程，在方便工作的考量下，加上本身條件符合移民資格申請，我也取得美、加、紐、澳等國的永久居留簽證。主要目的也僅是為了可以不受限制的穿梭各國之間，還可以海闊天空的跟隨著潛藏在內心的自由，一步一步追逐並實現自己夢想的生活。

回到台灣之前，澳洲移民局特地為我舉辦了一場個人公民宣誓。匆匆收拾行囊返台後，馬不停蹄投入全台北中南各地的商業論壇活動事宜。

在高雄的那一場盛會之中，好幾百位成功企業人士和官方人士雲集現場，會議正式開始之前，辦事處處長親自宣布並介紹我是來自台灣，長年來對澳洲經濟發展有卓越貢獻的傑出商業人士，澳洲政府為了感謝也表彰我的成就，因此特別頒給我榮譽公民和護照的殊榮。

震耳的掌聲之中，我微笑著緩步上台，從處長手中接過這份與眾不同的澳洲護照，心底萬分感恩。

回首來時路，二十二歲大學畢業，在台中創立了第一家小小翻譯社，一直到現在的國際投資事業，在這二十多年的創業歷程中，因為工作的需求，我和家人都取得了美國、加拿大、澳洲和紐西蘭的永久居民身分，但我和家人在隨因順緣的巧合下，我們全家在澳洲定居下來。

澳洲地大，人口密度低，天然物資豐富，澳洲人單純友善，擁有藍天綠地隨處可得，不必花大錢，就可以過著天堂般的生活。環境乾淨，人民守法，雖然沒有美國的頂尖科技和龐大經濟體，但生活所需從不匱乏，這也是我和家人選擇定居澳洲的原因。

我喜歡住家有個大花園，每天可以在花園裡漫步徘徊，就是我夢寐所求的生活。我熱愛單純的生活，澳洲給了每一位想要擁有單純又有生活品質的人，最好的機會，最佳的選擇。

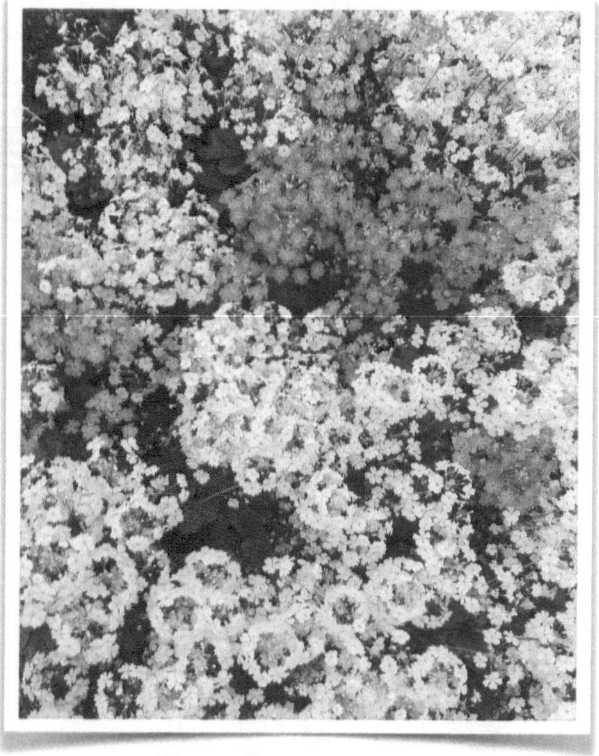

生命是最精彩的奇蹟

《結語》

出生在中台灣的埔里鄉下，在還不懂事的小小年紀，就因為求學的緣故，勇敢的離開生長的家鄉和摯愛的父母，從來也沒想過會面臨什麼樣的考驗，會遇見什麼樣的人事，然而未知從未令我感到害怕，我反而像個冷靜的觀察者，總是想邁開步伐，向前走一步…再走一步…隨時等待著迎接生命的新挑戰。

我相信生命中的所有安排，都是最好的安排，每件事情用不同角度去看，就會有不一樣的結論。

從山裡起飛的白鷺鷥，沒有眷戀故鄉溫暖的軟沙洲，不停的鼓動雙翅，一心嚮往探究更高的蒼穹，在世俗喧囂中保持內心的寂靜，在紛擾人群中不隨聲附和。

飛過許多國家，走過許多城市，接觸許多不同的文化，遇見許多不同的人，點點滴滴的經歷，匯聚成我生命的養分，也豐富了我精彩富足的人生。

從山裡起飛的白鷺鷥，驀然回首，看盡人間風景，卻從不曾遺忘～

山中習靜觀朝槿　松下清齋折露葵

飛翔的白鷺鷥

作　者／艾農

出版者／美商 EHGBooks 微出版公司

發行者／美商漢世紀數位文化公司

臺灣學人出版網：http://www.TaiwanFellowship.org

印　　刷／漢世紀古騰堡®數位出版 POD 雲端科技

出版日期／2021 年 3 月

總經銷／Amazon.com（亞馬遜 Kindle 電子書同步出版）

臺灣銷售網／三民網路書店：http://www.sanmin.com.tw

三民書局復北店

地址/104 臺北市復興北路 386 號

電話/02-2500-6600

三民書局重南店

地址/100 臺北市重慶南路一段 61 號

電話/02-2361-7511

全省金石網路書店：http://www.kingstone.com.tw

中國總代理／廈門外圖集團有限公司

地　　址／廈門市思明區湖濱南路 809 號國際文化大廈裙樓 5 樓

臺灣書店購書專線／0592-5061658、6028707

定　　價／新臺幣 450 元（美金 15 元 / 人民幣 100 元）